30天必会 室内手绘 快速表现

卓越手绘

To Master Interior Hand-Drawing Fast Performance in 30 Days

（第2版）

杜健 吕律谱 ◎ 编著

华中科技大学出版社
http://www.hustp.com
中国·武汉

杜健

卓越手绘教育机构创始人

卓越手绘教育机构主讲教师

生态保护展馆建筑手绘设计方案获2010年第五届"WA·总统家杯"建筑手绘设计大赛 设计师组 一等奖

曾出版：《30天必会建筑手绘快速表现》《30天必会室内手绘快速表现》等系列书籍

《景观设计手绘与思维表达》《室内设计手绘与思维表达》等系列书籍

《建筑·城市规划草图大师之路》《景观草图大师之路》等系列书籍

《卓越手绘考研30天：建筑考研快题解析》《卓越手绘考研30天：环艺考研快题解析》等系列书籍

《建筑快题设计100例》《景观快题设计100例》等系列书籍

吕律谱

卓越设计教育创始人

卓越手绘课程研发总负责人

曾出版：《30天必会建筑手绘快速表现》

《30天必会室内手绘快速表现》等系列书籍

《景观设计手绘与思维表达》

《室内设计手绘与思维表达》等系列书籍

《建筑·城市规划草图大师之路》

《景观草图大师之路》等系列书籍

《卓越手绘考研30天：建筑考研快题解析》

《卓越手绘考研30天：环艺考研快题解析》等系列书籍

《建筑快题设计100例》

《景观快题设计100例》等系列书籍

序 言 Preface

古语有云："业精于勤，荒于嬉；行成于思，毁于随。"

任何惊人的技能，皆需勤奋练习才能得到。

然而，苦练而不得其法，进步必然甚缓。反之则可能进步神速，名师出高徒，便是这个道理。

手绘，对于当今奋斗在设计前沿的设计师和学子而言，并不陌生。然而对于手绘的用法、用途及前景，多年来业内却是争论不休。有人说手绘是设计师不可或缺的技能，自然也有人认为手绘无用。

姑且不论孰是孰非，笔者认为，手绘的重要程度取决于个人的发展以及想达到的高度。如果只想成为设计的碌碌庸才，那只学会软件也并无不可。如果想追求设计的真谛，成为万人仰慕的大设计师，恐怕还是要有一定的手绘基础。

绘画风格的形成因人而异，笔者二人虽师出同门，但绘画风格却大相径庭。笔者先是启蒙于赵国斌老师，后师从沙沛老师学习技法，多年来，一直深受国内几位大师作品的影响。笔者也深感幸运，能够跟随几位前辈学习，打下坚实的基础，并受益至今。

学画之法，在于"勤、观、思"。"勤"自是指勤奋苦练，"观"和"思"其实是分不开的，意思是要经常看名家作品，然后多加揣摩。如果看图只是走马观花，那最终只能空叹"画得真好"，自己却始终不能企及。笔者曾经也有感叹"画得真好"的时候，学画十余载，至今看到名家作品，仍有这种"画得真好"的感觉，但是比起当年，见识和技法已不可同日而语。笔者相信再练十年，技法会更加精进，也希望能够青出于蓝，不让前辈失望。

青出于蓝，是后辈学子的义务和责任。希望这本书能够为有志于"青出于蓝"的学子，效以微劳。饮水思源，前辈教导我们之时，一丝不苟，今我等传技于后人，自不敢藏私，唯恐不能将所学倾囊相授。

《30天必会室内手绘快速表现》等卓越手绘系列书籍，从2013年出版以来，帮助了很多手绘学子。如今再版，笔者将书中的大部分作品进行了更新。随着时代的发展和社会的变迁，手绘之于设计始终地位超然。笔者也在十余年的教学中，总结出了更多、更好、更实用的手绘学习经验。可以说，这套书融入了卓越手绘十二年的教学精华，如果认真学习，一定能有所收益。

2021年7月

杜健 吕律谱

目录 Contents

005 手绘基础

013 单体画法

029 马克笔单体上色的方法

049 马克笔效果图上色详解

081 草图快速表现

087 作品欣赏

197 方案、快题作品

手绘基础

- 一、工具
- 二、姿势
- 三、线条
- 四、透视

一、工具

铅笔： 最好选用自动铅笔，铅芯要选择2B的，否则纸上会有划痕。

针管笔： 通常选用一次性针管笔，笔芯选择0.1mm或者0.2mm即可。推荐使用卓越设计自主研发的设计家草图大师针管笔，其出水流畅顺滑，耐用性好。切记不可选用水性笔、圆珠笔。

钢笔： 可选择红环或者百乐的美工钢笔，适于绘制硬朗的线条。

草图笔： 可选择派通的草图笔，粗细可控，非常适合画草图。

马克笔： 推荐使用设计家马克笔，所有颜色均根据作者十余年教学经验配制而成；双宽头，墨量大，是市场上性价比较高的一款马克笔。

彩色铅笔： 初学者可以选用设计家彩色铅笔，设计家彩色铅笔精选24色基本可以满足手绘需求。施德楼的60色彩色铅笔也非常不错。

高光笔： 可选择设计家高光笔，其覆盖力强。

修正液： 可选择日本三菱牌修正液。

▲ 高光笔　　　　　　▲ 修正液

▲ 自动铅笔　　　▲ 针管笔　　　▲ 钢笔

▲ 草图笔　　　▲ 马克笔　　　▲ 彩色铅笔

二、姿势

握笔的姿势通常需要注意三个要点：①笔尖尽量压向纸面，这样线条容易控制，也更易用力；②笔尖与绘制的线条要尽量成直角，但并非硬性要求，尽量做到即可，这也是为了更好地用力；③手腕不可以转动，要靠移动手臂来画线，画横线的时候运用手肘来移动，画竖线的时候运用肩部来移动，短竖线可以运用手指来移动。

 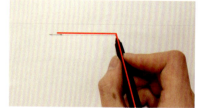

三、线条

直线： 直线是应用较多的表达方式。直线分快线和慢线两种。慢线比较容易掌握，但是缺少技术含量，已经逐渐退出快速表现的舞台。如果构图、透视、比例等关系处理得当，运用慢线也可以画出很好的效果。国内有很多名家用慢线来画图。快线比慢线更具冲击感，画出来的图更加清晰、硬朗，富有生命力和灵动性。缺点是较难把握，需要大量的练习和不懈的努力才能练好。

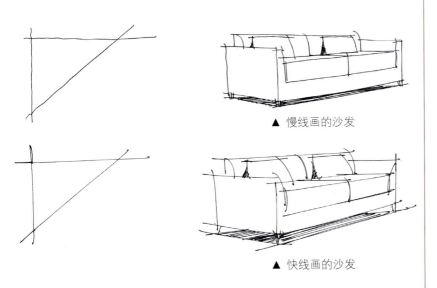

▲ 慢线画的沙发

▲ 快线画的沙发

画快线的时候，要有起笔和收笔。起笔的时候，把力量积攒起来，同时在运笔之前想好线条的角度和长度。当线画出去的时候，就如箭离弦，果断、有力地击中目标，最后的收笔，就相当于这个目标。在收笔时也可以把线"甩"出去，这属于比较高级的技法，到了一定程度可自行掌握。注意，起笔可大可小，根据每个人的习惯而定。

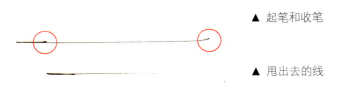

▲ 起笔和收笔

▲ 甩出去的线

由于运笔的方式不同，竖线通常比横线难画。为了确保竖线较直，较长的竖线可以选择分段处理，第一段竖线可以参照图纸的边缘进行绘制，以确保整条线处于竖直状态。注意，分段的地方一定要留空隙，不可以将线接在一起。竖线也可以适当采取慢线的形式或者抖动来画。

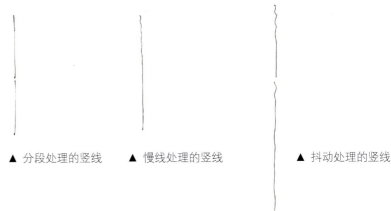

▲ 分段处理的竖线　　▲ 慢线处理的竖线　　▲ 抖动处理的竖线

多条直线起笔的位置：画多条直线时，其中一条直线起笔的位置要尽量在另一条线上或者两条线的交点上。错误的起笔方式和正确的起笔方式如下图所示。

▲ 错误的起笔方式　　　　　▲ 正确的起笔方式

直线练习：使用直线练习阴影的画法有两种，一种是横着画，一种是竖着画。横着画需要有透视效果，竖着画需要线条垂直。

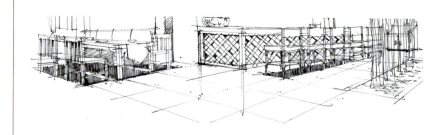

▲ 阴影处理画面二

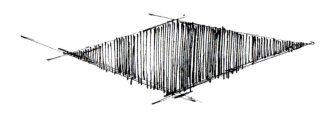

▲ 阴影的两种画法

曲线（弧线）：用哪种方式画曲线（弧线）要视图面的具体情况而定。如果是初稿或终稿，都可以用快线的方式来画；但是如果是很细致的图，为了避免画歪、画斜而影响画面整体效果，则最好用慢线的方式来画。

乱线：在塑造植物、纹理的时候，会用到一些乱线的处理方式。

阴影一般用在地面材质反光性比较强的地方。阴影的画法不是很绝对，可以选择适合画面的画法。注意，画阴影的时候千万不要重叠线条。

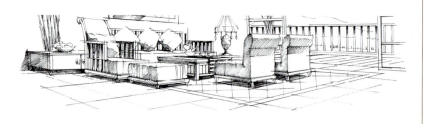

▲ 阴影处理画面一

▲ 曲线（弧线）　　　　　▲ 乱线

四、透视

透视：透视是画图中很重要的一个部分。首先，大家要知道，手绘表现是为了表达出设计师直观、纯粹的设计想法。作为快速表现来说，透视不需要非常准确。因为无论手绘透视（包括尺规画图）有多准确，都不可能比电脑软件绘制得更准确。那么是不是透视随便练一下就行了呢？答案是绝对不行。这里所说的透视不需要很准确，是怕有些同学太纠结于透视的问题，而忽略了手绘最重要的感觉。但是，透视绝对不能错。如果一张图的透视错了，那么无论线条多么顺畅，色彩多么高级，都是一幅失败的作品。如果线条是一张画的皮肤，色彩是一张画的衣服，透视则是这张画的骨骼。
通过下面的训练，应该能够提高对透视的把握能力。这也是我们多年来一直沿用的教学方法。

透视三大要素：近大远小、近明远暗、近实远虚。在线稿部分，主要是用近大远小这个要素。

一点透视：一点透视又叫平行透视。一点透视的特点是简单、规整，表达画面更全面。其实大家在画一点透视的时候，只需要记住一点，那就是一点透视的所有横线绝对水平，竖线绝对垂直，所有有透视关系的斜线相交于一个灭点。如下图所示，方体的两根竖线在现实生活中是一样长的，但是由于透视的原因，我们看到离我们近的一根线很长，离我们远的一根线很短。同理，其他的竖线也都是一样长的，只不过在视觉效果上它们由近及远，越来越短，最后消失于一个点，这个点就叫灭点，又叫视点。正是因为有了近大远小的透视关系，我们才能够在一张二维的纸面上塑造出三维的空间和物体。

▲ 一点透视图

两点透视：两点透视是常用的透视方法，其特点是非常符合人们看物体的正常视角，所以画面也让人感觉很舒服。两点透视的难度远远大于一点透视，错误率也很高。

▲ 两点透视图

练习一点透视的时候要注意三点。第一是线条，要按照前文讲过的画线方法去画，画不好没关系，多练习肯定能画好。第二是透视，只要严格地瞄准视点去画，透视关系就一定不会出错。第三是形体比例，大家可以练习下图中的16个方体，尽可能将其整齐地排列好，从而提高对形体的掌握能力。

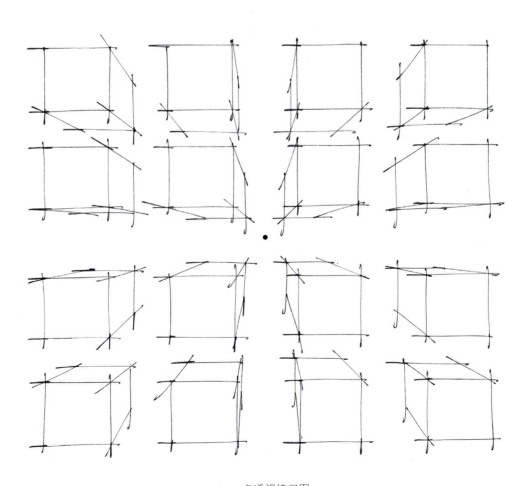

▲ 一点透视练习图

想要画好两点透视,一定不要急躁,慢慢地去瞄准每条线的视点。如果你画出来的方体透视都是有问题的,练得再多也没有意义。注意,两点透视的两个消失点一定是在同一条视平线上。

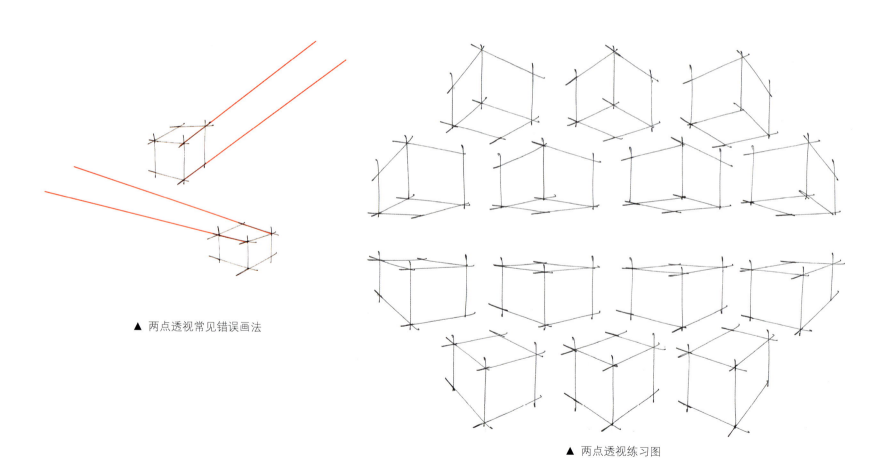

▲ 两点透视常见错误画法

▲ 两点透视练习图

单体画法

- 一、沙发的单体画法
- 二、床的单体画法
- 三、餐桌椅的单体画法
- 四、靠垫的单体画法
- 五、画框、电视背景墙的单体画法
- 六、窗帘的单体画法
- 七、洁具的单体画法
- 八、灯具的单体画法
- 九、植物的单体画法

一、沙发的单体画法

小沙发的画法比较简单，主要是练习从方体到单体家具的过渡。

重点：坐垫突起的部分，可以让小沙发看起来很软。靠背的宽度要略小于坐垫的宽度，并且靠背的重心是垂直向下的。

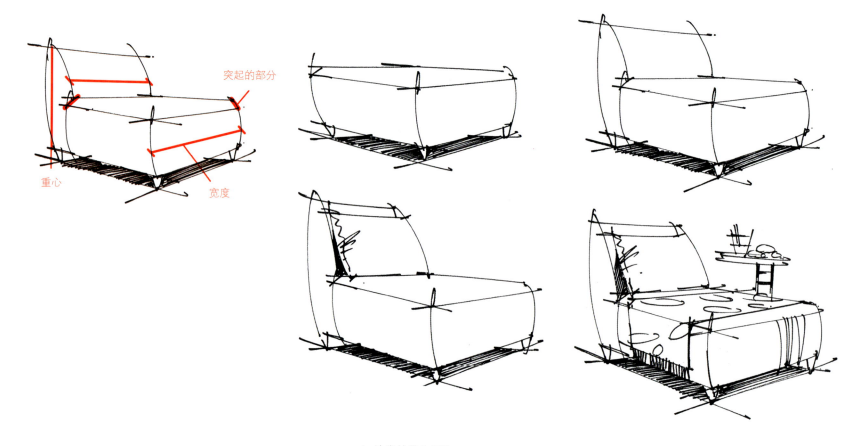

▲ 沙发的单体画法

沙发是单体当中较为重要也比较难画的物件之一，因为它完全由一个方体切割变化而成。其实，大部分的单体都可以归纳为一个方体或者几个方体。下图中沙发坐垫和靠背部分，跟上一页的小沙发基本相同。

重点：坐垫的高度通常为沙发总高度的1/3，坐垫比扶手要凸出一点。

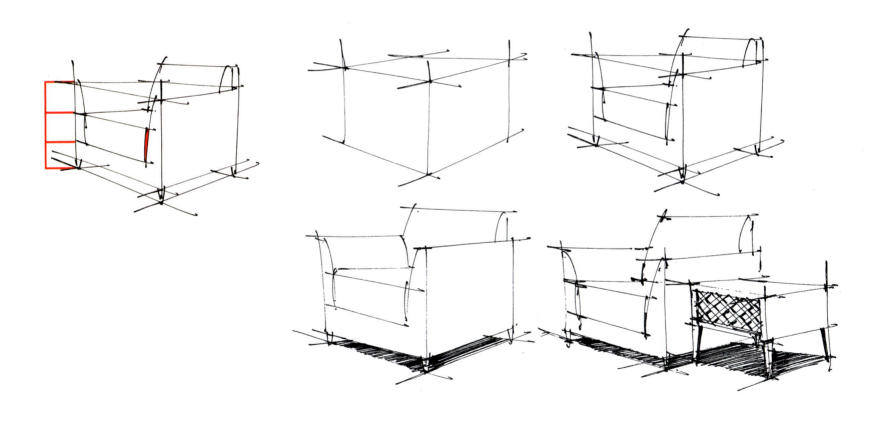

▲ 沙发的单体画法

016

卓越手绘 | **To** 30天必会 室内手绘快速表现（第2版）
Master Interior Hand-Drawing Fast Performance in 30 Days

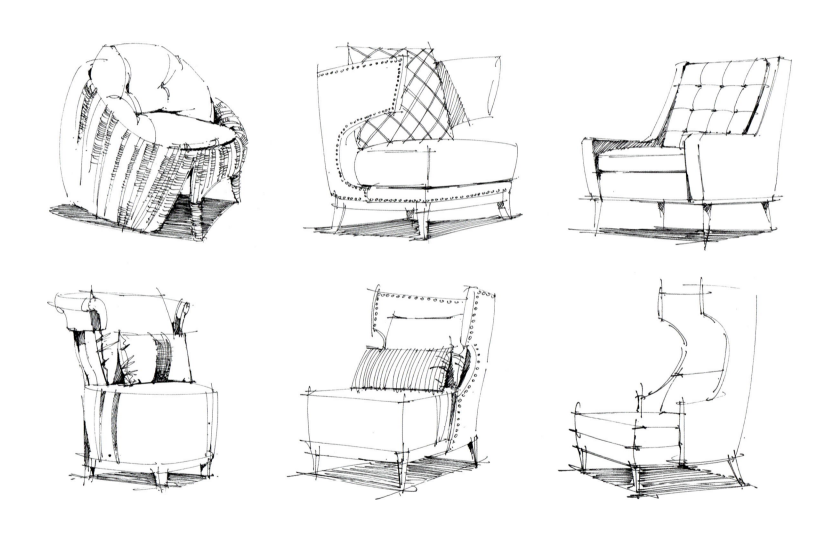

▲ 沙发的单体画法

二、床的单体画法

床是单体中最难画的部分之一，它也是由一个方体变化而成的，两边的床头柜也是方体。

重点：视点要尽量压低，床不要画得太大；注意床头柜和床的关系；床上面的毯子是难点和重点，注意透视关系、比例。

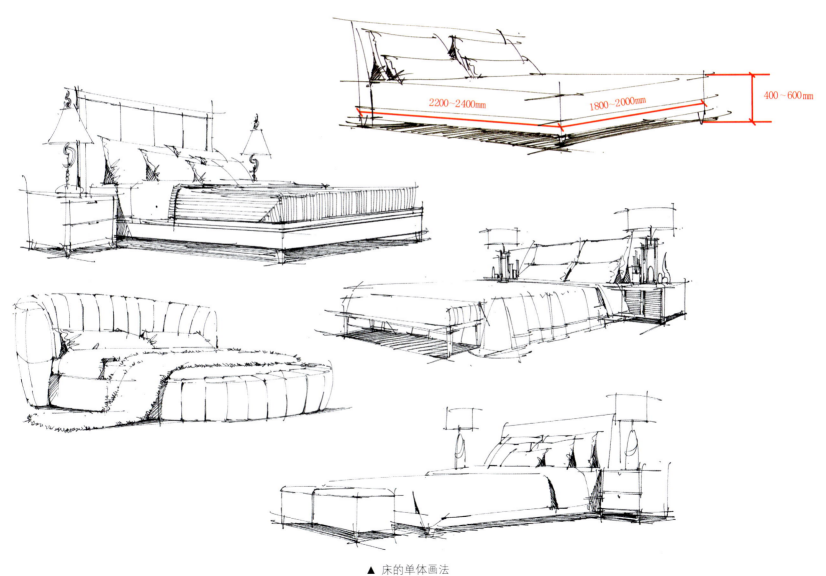

▲ 床的单体画法

三、餐桌椅的单体画法

餐桌椅的画法比较复杂。注意椅子和桌子摆放的位置关系,也需要先掌握椅子和餐桌的单体画法。

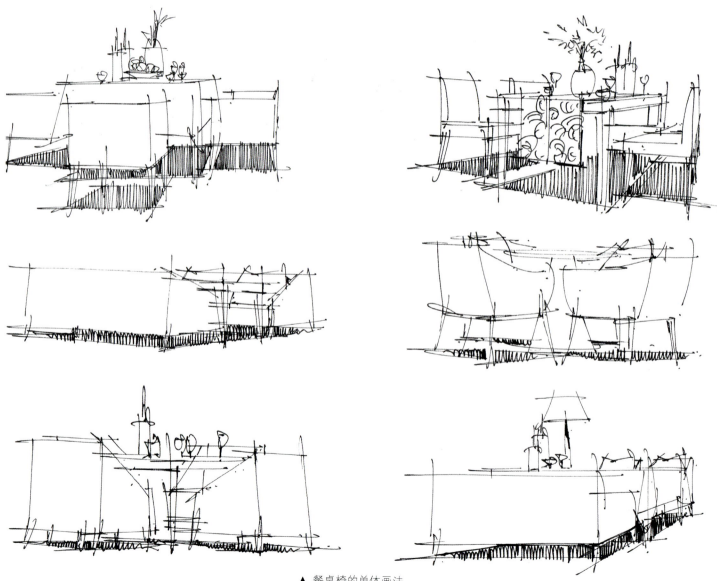

▲ 餐桌椅的单体画法

四、靠垫的单体画法

靠垫是室内装饰重要的组成部分。

重点：靠垫左、右的弧线其实是斜的，上、下的线要根据画面的透视关系来表现。褶皱要随着靠垫鼓起的弧度画，下面要比上面略宽。

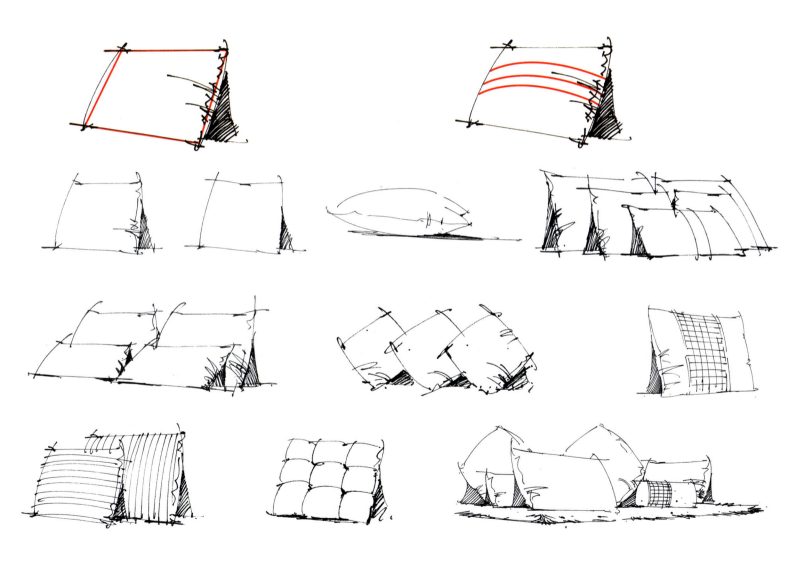

▲ 靠垫的单体画法

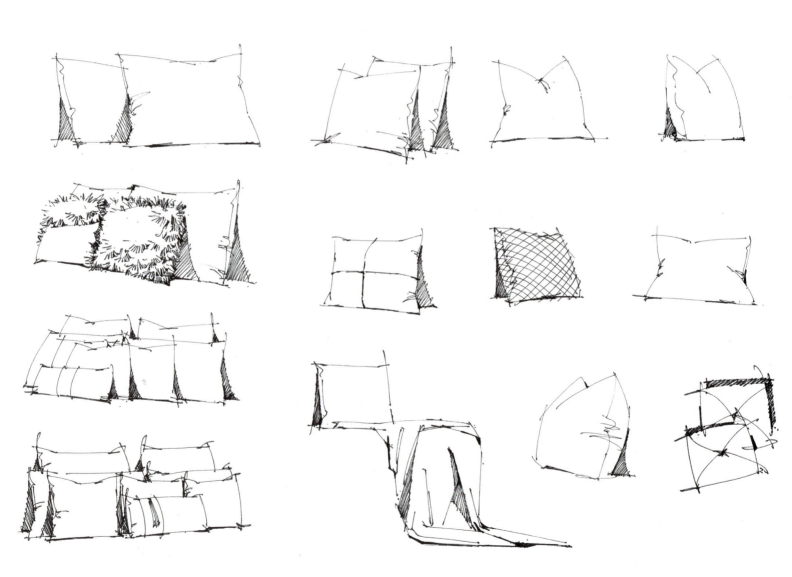

▲ 靠垫的单体画法

五、画框、电视背景墙的单体画法

画框一般用于点缀墙面，画画框时要注意线条是否平、直。难点在于四边长度的处理，要注意近大远小的透视关系。电视背景墙上电视的边缘要处理得薄一些。

▲ 画框的单体画法

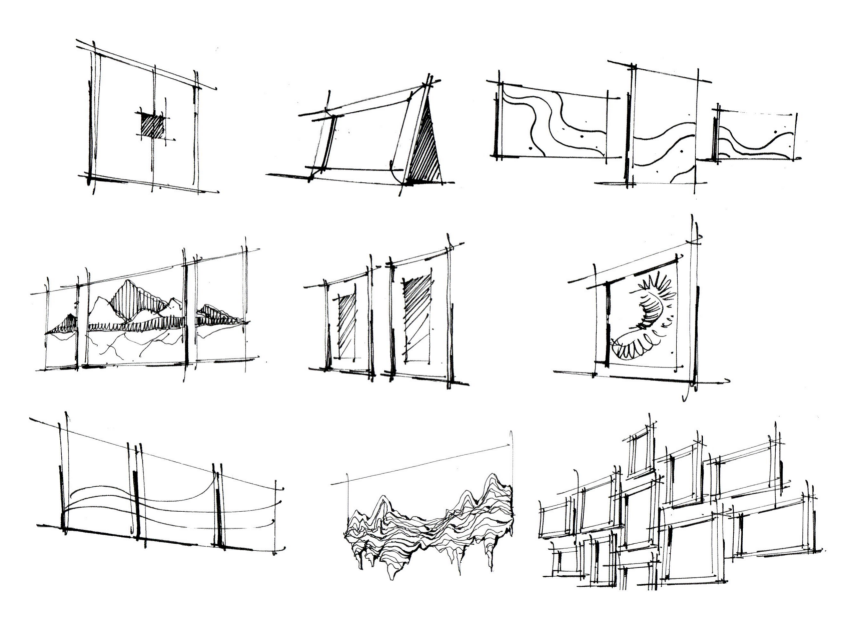

▲ 画框的单体画法

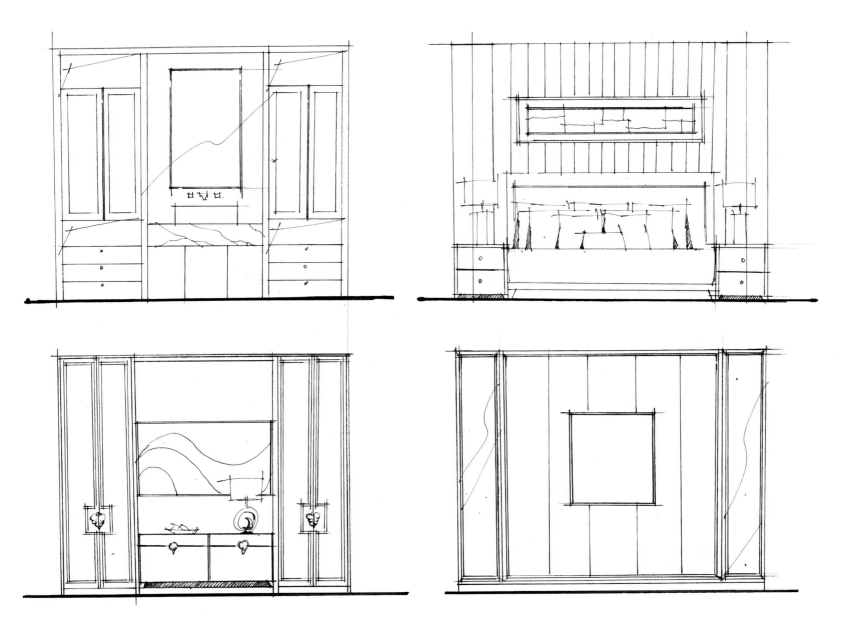

▲ 电视背景墙的单体画法

六、窗帘的单体画法

窗帘在画面中一般都处于比较"鸡肋"的位置，或者很远，或者在边缘，总之都是被弱化的对象。只要掌握好竖线的画法，处理好窗帘的褶皱起伏就可以了。
重点：线条要穿插得自然。

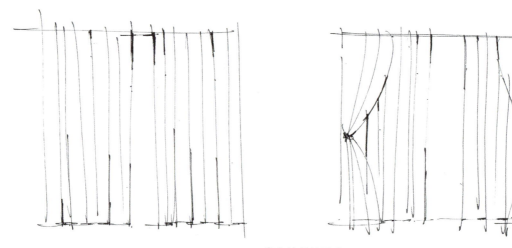

▲ 窗帘的单体画法

七、洁具的单体画法

要注意洁具高度和长度的比例。

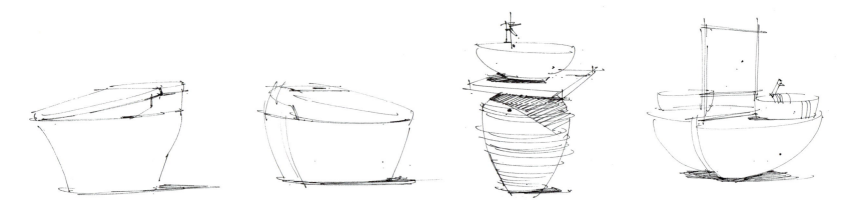

▲ 洁具的单体画法

八、灯具的单体画法

灯具的画法可以很简单，也可以很难，主要取决于所选择灯具的形态。

重点：台灯灯罩的透视要准确，线条要流畅，不要太纠结结构和形态。

▲ 灯具的单体画法

▲ 灯具的单体画法

九、植物的单体画法

植物的画法有很多，可以先从一些常用和简单的植物练起。

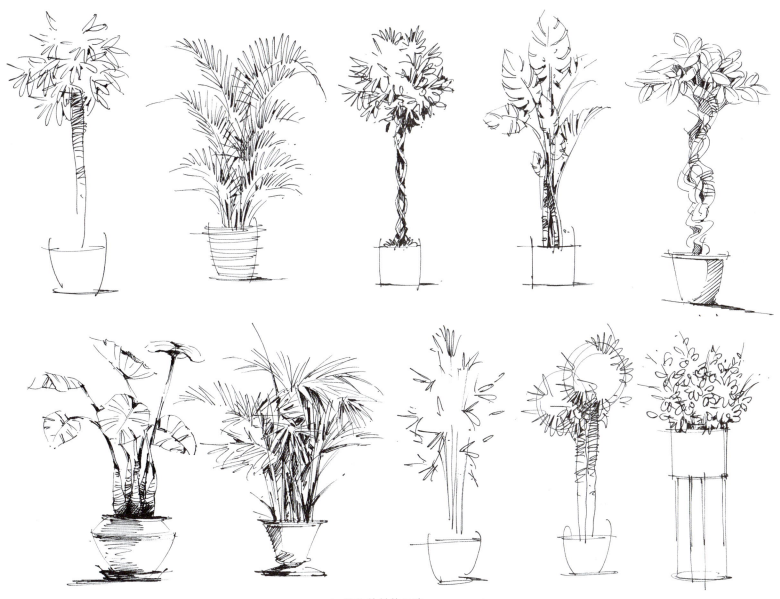

▲ 植物的单体画法

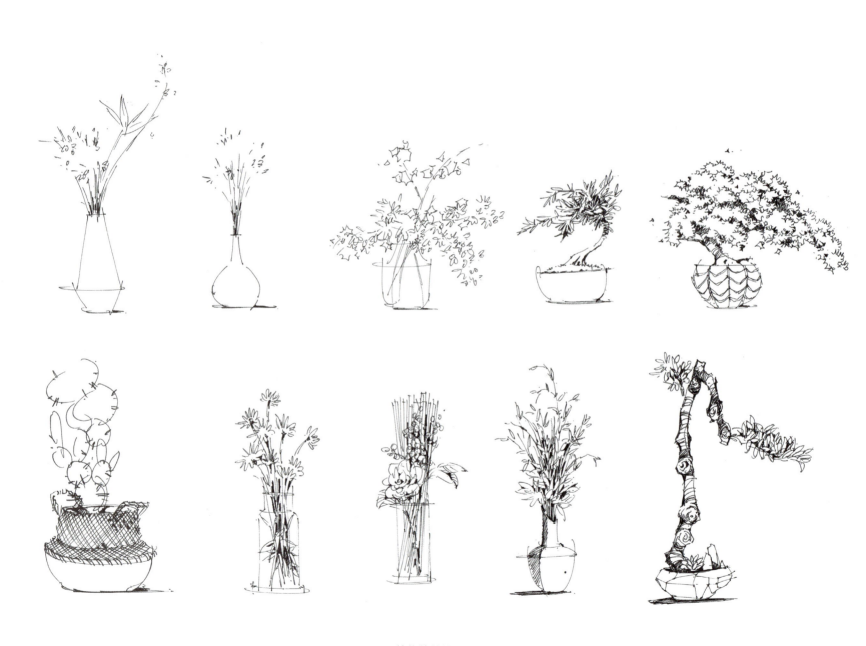

▲ 植物的单体画法

马克笔单体上色的方法

一、马克笔上色技法
二、单体的上色
三、材质的上色

一、马克笔上色技法

马克笔是手绘表现最主流的上色工具。它的特点是色彩干净、明快，对比效果突出，绘图时间短，易于练习和掌握。马克笔上色时，不必追求柔和的过渡，也不必追求所谓的"高级灰"，而是用已有的色彩，快速地表达出设计意图即可。

马克笔上色讲究快、准、稳三个要点。这与画线条的要点相似，不同的是马克笔上色不需要起笔、运笔，只需要在想好之后直接画出来，从落笔到抬笔，不能有丝毫的犹豫和停顿。

马克笔具有叠加性，即便是同一支笔，在叠加后也能出现两到三种颜色，但是叠加的次数通常不会超过两次。在同一个地方，尽量不要用同一支马克笔叠加三层颜色，否则画面会很腻、很脏。叠加四次是极限。

马克笔的品牌有很多，笔者推荐使用卓越设计自主研发的设计家马克笔。马克笔最重要的特点是颜色的透明度很高，不同色系的马克笔建议不要叠加使用。一支马克笔一种颜色，颜色的适用程度是选择马克笔所要考虑的重要因素。设计家马克笔的颜色全部根据笔者十余年的手绘教学经验配制而成。全套100色几乎可以满足所有设计师的手绘需求。

马克笔初级技法

平移：平移常用的马克笔技法。下笔的时候，要把笔头完全压在纸面上，快速、果断地画出线条。抬笔的时候也不要犹豫，不要长时间停留在纸面上，否则纸面上会出现积墨。

线：用马克笔画线跟用针管笔画线的感觉相似，不需要起笔，线条要细。在用马克笔画线的时候，一定要很细，可以用宽笔头的笔尖来画（马克笔的细笔头基本没用）。马克笔的线一般用于过渡，每层颜色过渡用的线不要多，一两根即可。多了就会显得很乱，过犹不及。

点：马克笔的点主要用来处理一些特殊的物体，如植物、草地等；也可以用于过渡（与线的作用相同），活跃画面气氛。在画点的时候，注意将笔头完全贴于纸面。

马克笔高级技法

扫笔：扫笔是指在运笔的同时，快速地抬起笔，使笔触留下一条"尾巴"，多用于处理画面边缘或需要柔和过渡的地方。扫笔技法适用于浅色，用深色扫笔时尾部很难衔接。

斜推：斜推的技法用于处理菱形的部位，可以通过调整笔头的斜度处理不同的宽度和斜度。

蹭笔：蹭笔指用马克笔快速地来回蹭出一个面。这样画的部位质感过渡更柔和、更干净。

加重：一般用120号（黑色）马克笔来加重。加重的主要作用是增加画面层次，使形体更加清晰。加重的部位通常为阴影处、物体暗部、交界线暗部、倒影处、特殊材质（玻璃、镜面等光滑材质）。需要注意的是，加黑色的时候要慎重，有时候要少量加，否则会使画面色彩太重且无法修改。

提白：提白工具有修正液和高光笔两种。修正液用于较大面积的提白，高光笔用于细节部位的精准提白。提白的位置一般选择受光最多、最亮的部位，如光滑材质、水体、灯光、明暗交界线的亮部结构处。如果画面很闷，可以在合适的部位使用提白技法。但是提白技法不要使用太多，否则画面会看起来很脏。注意，使用高光笔提白要在使用彩色铅笔上色之前，修正液则不用。用修正液的时候，尽量使其饱满一些。

马克笔单体上色的方法 031

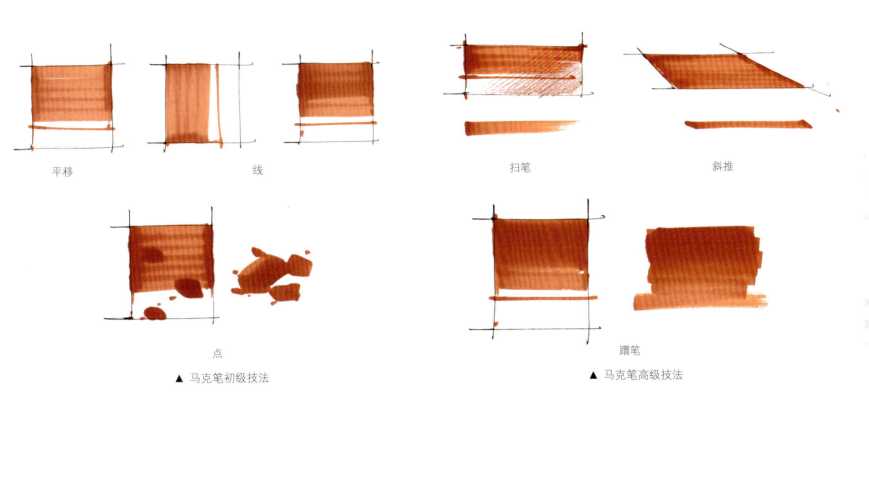

平移　　　　　线　　　　　　　　　　扫笔　　　　　斜推

点　　　　　　　　　　　　　　蹭笔

▲ 马克笔初级技法　　　　　　　　　▲ 马克笔高级技法

运笔太慢　　　画的时候运笔犹豫　　　笔没有完全压在纸面上　　　点的笔触太过僵硬

▲ 马克笔上色技法常见错误

二、单体的上色

单体的上色是练习上色的入门课程，能够熟练地将单体画好，才能更进一步地给整张效果图上色。很多时候，家具并不是简简单单的方体，我们需要根据家具的外形来调节笔触。用色方面，同一物体不宜选择过多的颜色来过渡，画面"素描味"不要太重。基本上同色相两支颜色就够了。室内手绘用色通常不会选择太纯的颜色，所以用设计家马克笔一代产品是比较合适的，因为整体颜色都偏向于空间手绘所使用的高级灰。

沙发的上色

用单一的灰色来塑造，分别用CG1、CG3、CG5、CG7四个颜色来画。第一层用CG1大面积铺色。第二层用CG3，此时就要讲究一些笔触的用法了。深色CG5要慎重使用，马克笔真正的精髓都在深色的用法上。深色并不可怕，但是不要太大面积使用。只要掌握好用法与用量，深色就是整个画面最出效果的地方。最后，用CG7来画阴影。

▲ 沙发的上色

马克笔单体
上色的方法 033

▲ 沙发的上色

▲ 沙发的上色

马克笔单体上色的方法 032

餐桌椅的上色

餐桌椅上色重点在于色彩的搭配。通常餐桌材质选择比较少，色彩也相对单一。而餐椅用色就可以丰富一点，使用一些纯色来点缀也是可以的。

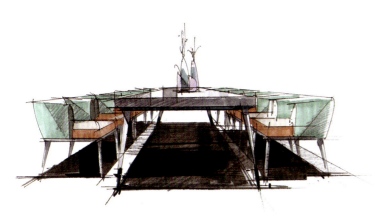

▲ 餐桌椅的上色

床的上色

床体用WG系列色塑造，注意明暗面的素描关系。

▲ 床的上色

马克笔单体上色的方法 037

▲ 床的上色

床头柜的上色

床头柜的上色使用设计家ER3和ER5两支颜色即可,顶面部分用竖向笔触画出反光的质感。

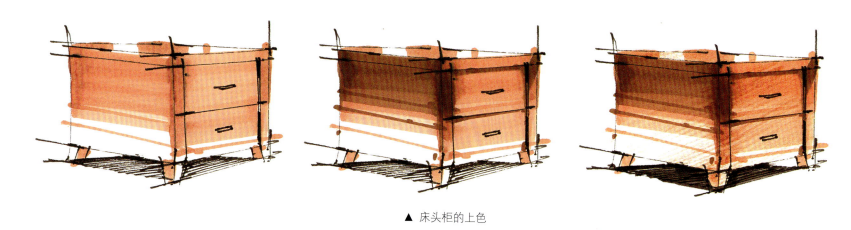

▲ 床头柜的上色

靠垫的上色

靠垫的上色应根据靠垫的弧度来调节笔触,选色方面通常不会使用太纯的颜色,靠垫上色时通常都会在靠垫背部画下投影。

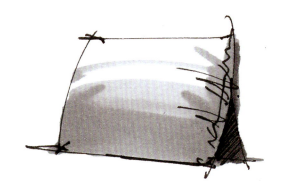 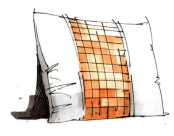  

▲ 靠垫的上色

039 马克笔单体上色的方法

▲ 靠垫的上色

040

卓越手绘 | To 30天必会室内手绘快速表现（第2版）
Master Interior Hand-Drawing Fast Performance in 30 Days

▲ 靠垫的上色

窗帘的上色

窗帘一般上两层颜色即可,深色加在褶皱的阴影处。

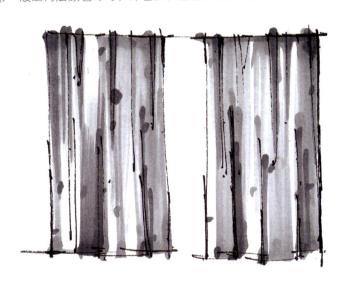
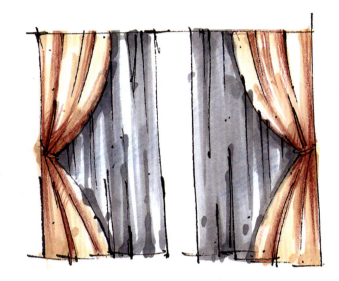

▲ 窗帘的上色

灯具的上色

灯具在上色时要注意灯罩的处理。灯罩的处理有两种方式,一种是发光的灯罩,一种是不发光的灯罩。不发光的灯罩需要处理好质感。

▲ 灯具的上色

▲ 灯具的上色

马克笔单体上色的方法 043

▲ 灯具的上色

挂画的上色

挂画不宜画得太过具象，色彩、笔法都以简单化处理为佳。不过要通过刻画阴影将挂画的立体感表现出来。

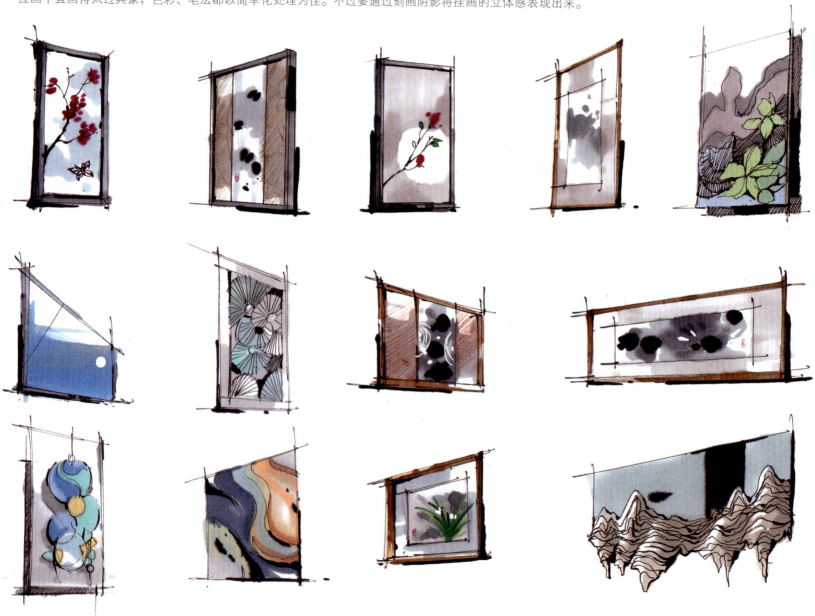

▲ 挂画的上色

植物的上色

植物在室内手绘表现中不占主要画面，一般用来点缀画面。上色时注意深色一般要加在植物的缝隙处。

▲ 植物的上色

▲ 植物的上色

三、材质的上色

下面给大家列举了一些常用材质的上色方法。表现各种材质只要注意两点：笔触和质感。大体上可以从材质的反光性来区分，如镜子、大理石、瓷砖等材质的反光性很强，而砖墙、混凝土、木板等材质的反光性较弱。至于铁锈板、绿化墙等特殊材质，需要了解它们的属性，从而更好地刻画。笔触要拿捏得恰到好处，简单就好，否则过犹不及。

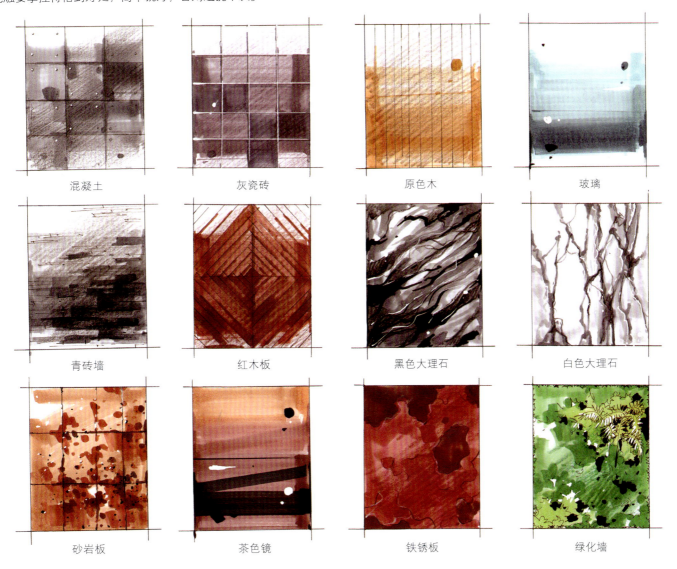

▲ 材质的上色

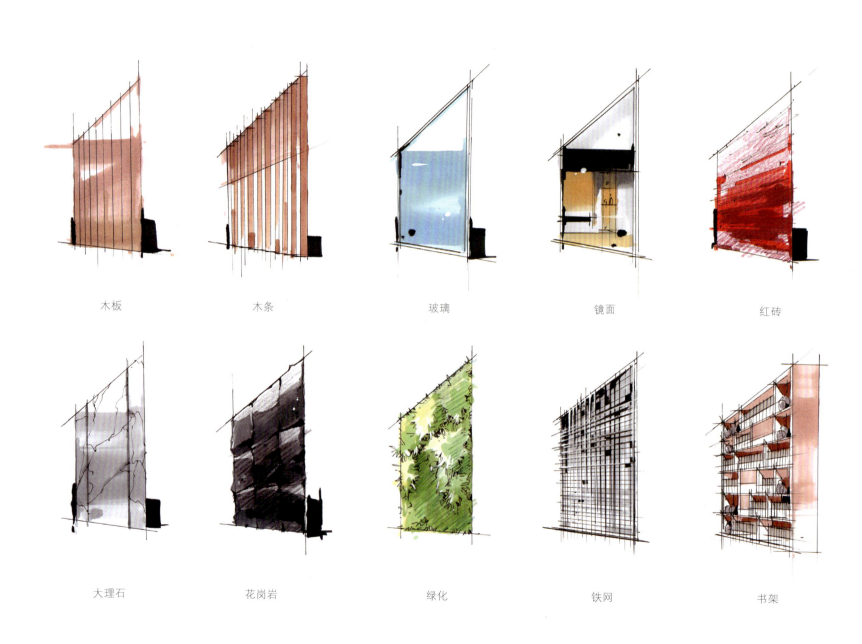

▲ 材质的上色

马克笔效果图上色详解

一、 一点透视中式客厅的画法
二、 一点透视大空间客厅的画法
三、 新技法一点透视客厅的画法
四、 新技法一点透视餐厅的画法
五、 新技法两点透视展厅的画法
六、 一点斜透视办公空间的画法
七、 一点透视现代中式餐厅的画法
八、 一点透视民宿客房的画法
九、 多植物的旅行社的画法
十、 室内平面图画法详解
十一、室内立面图画法详解
十二、室内轴测图画法详解

一、一点透视中式客厅的画法

作为第一张整体效果图练习,我们从比较简单的一点透视开始。一般情况下,一点透视的构图,视点是居中的。但是太过居中,画面又会显得有些死板,所以可以在中线左右稍作偏移。视点的高度,可以定得稍微低一点,大概1米,这样会让画面更加简单,并且视觉冲击力更强。

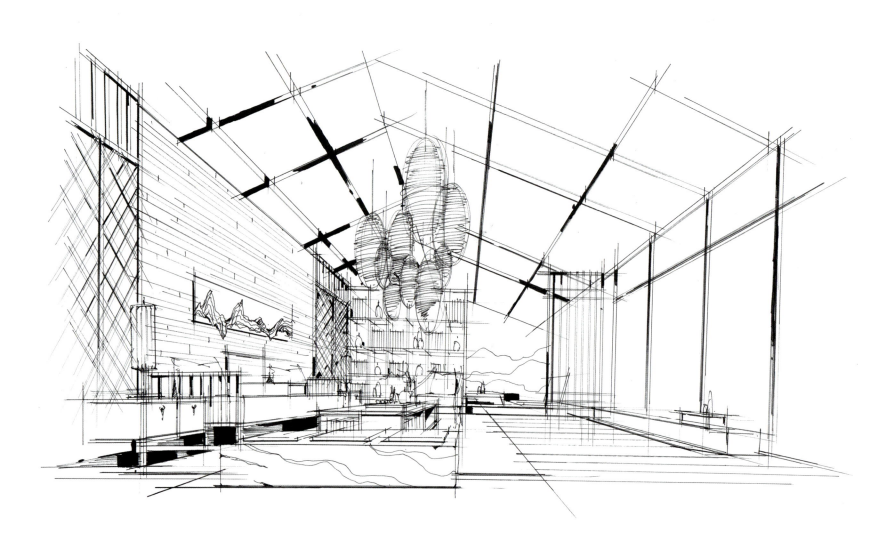

马克笔效果图上色详解 051

第一层颜色上色时，应先确定好整体空间的色彩关系。通常先从浅色开始着手。室内空间的颜色不宜过多，这张图的木材颜色分为两种，一种是用ER1铺底色的浅色木材，一种是用ER103铺底色的深色木材。笔触方面，第一层颜色更多地使用平涂的方式。

第二层颜色在笔触方面要更加讲究，将每个物体的明暗面做出区分，增强物体的体感。颜色依次加深，比如加深ER1就选择ER103，而加深ER103就选择ER5、ER7。

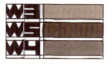 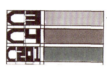   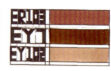 

马克笔效果图上色详解 053

最后上最深的颜色。深色上色时要比较谨慎，因为深色很难修改。马克笔只能将深色压在浅色上，而把浅色压在深色上是没有效果的。用黑色的彩色铅笔将重要的部分进行锁边处理，可以增强画面效果。同时，彩色铅笔可以将一些过渡变得更加柔和。

二、一点透视大空间客厅的画法

这个案例中空间的层高较高，所以在构图的时候，大部分的家具都会集中在纸面的最下方。右侧的植物起到软化边缘的作用。因为有整面的落地窗，所以室外的光源是比较充足的，我们将主光源定位为室外光。在处理线稿的时候，也要考虑光感的方向。

马克笔效果
图上色详解 OSS

大量的白色，可以使用C2、C3来处理。注意左边的墙面，由于背光会显得更暗。而大部分物体的顶面，是被光照直接照射的，可以选择留白。

使用黑色，将物体的体感和空间感都强调出来。吊灯要通过浅灰色来将它前后的层次区分开。窗外的植物，用黑色画出树干的形状。

加入第二层色彩来丰富画面效果。在处理深色时，要遵循近明远暗的透视原则。远处的背景墙，不要吝啬深色处理，而近处留白的部分一定要保留。

马克笔效果
图上色详解 **057**

进一步处理细节。吊灯上加入一点黑色，更加突出层次。利用彩色铅笔加深背景墙，使其向更后方拉开空间。地毯材质由于反射度比较低，也可以用彩色铅笔加以过渡。

三、新技法一点透视客厅的画法

这个案例使用了近两年比较流行的手绘新技法，即扁平化处理笔触，使画面更加明快、简洁。新技法对于线稿要求较高，线稿画得越细致，上色的时候越容易。

马克笔效果图上色详解 059

上色方面的新技法基本上都是使用平涂的方式。每个部分基本上只用一种颜色，用色的时候应更准确。强烈的光影塑造是新技法处理效果的重要手法。

上色过程 扫码观看

四、新技法一点透视餐厅的画法

相比家装设计来说,工装设计的设计感更强,物体也更丰富。所以工装设计对于线稿的要求会更高,要尽量把每一个细节都处理到位。

马克笔效果
图上色详解 061

屋顶和吧台区域大量的木头材质，需要用两种颜色来区分。同时加入彩色铅笔来代替第三种颜色处理出更多的层次。地面阴影使用偏冷的灰色C105上色。

上色过程 扫码观看

五、新技法两点透视展厅的画法

两点透视比一点透视的冲击力更强,同时难度也更大。这张图要凸显展厅带给人的强烈视觉冲击力,所以选择了两点透视来表现这种效果。线稿方面,各种体块的穿插结合,是整张图的重点所在。强烈的阴影对比,可以增加画面的清晰度。

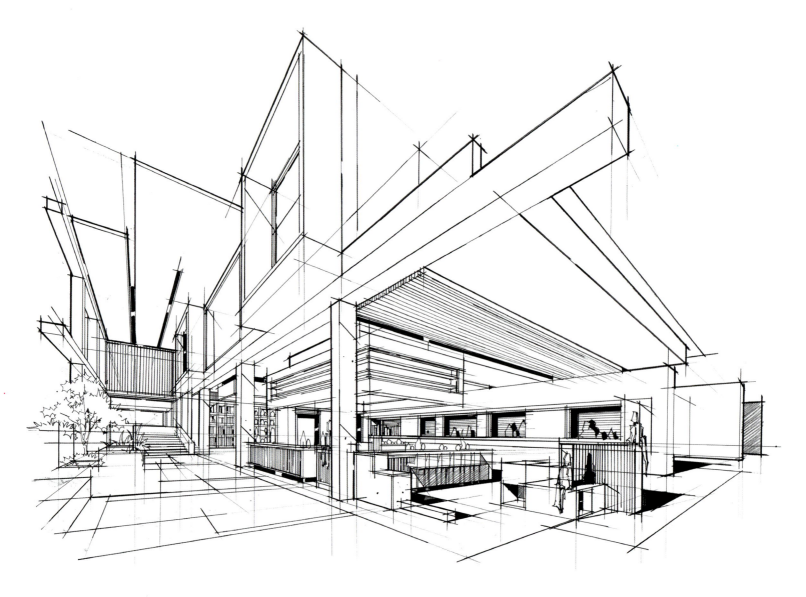

马克笔效果
图上色详解 063

上色的时候，左侧大量的留白是整张图的精髓所在。左侧的窗户虽然没有表现出来，但是位置很明确。通过大量的留白，可以表现出强烈的光照感。主体部分大部分物体都处在光影的暗部，但是暗部也应层次分明。我们需要在暗部中找变化，表现物体的体感。

上色过程 扫码观看

六、一点斜透视办公空间的画法

办公空间的设计形式通常比较简洁。这张图中裸顶的处理方法是训练的重点。裸顶在室内设计中应用比较广泛,绘制难度也比较高。注意裸顶的物体上、下层次的区分。

马克笔效果图上色详解 065

上色时，由于窗户被室内屏风挡住，所以主体部分的光源主要依靠室内灯光。因为灯光通常就是自上而下的，所以整个桌面采用留白处理。

七、一点透视现代中式餐厅的画法

这张图中地面的处理是比较特殊的,为了突出地面的光洁,通过大量的环境色反射来塑造。整张图使用的灰色较多,需要在素描关系方面着重刻画。中式的家具通常结构较细,所以用深色来塑造比较简单。

八、一点透视民宿客房的画法

民宿客房通常设计得比较朴素,这张算是设计比较华丽的了。床头背景的木格栅,需要用黑色处理出很强的进深感。而左右两边的纱帘,要处理出半透明的感觉。远处是洗手池,洗手池上面的镜子,需要用强烈的对比处理来表现光滑的质感。

九、多植物的旅行社的画法

将植物运用在室内中是一种比较高级的设计手法。这张图将外景融入室内环境，除了植物以外，茅草棚、水池、木筏吊灯都运用了这种设计手法。从设计表现上来说，植物是整张图的亮点，也是难点。既要让人能感受到植物的状态，又不能太清晰地把每一株植物都画出来，因为它们毕竟处在画面的边缘位置。

十、室内平面图画法详解

平面图是设计中非常重要的一个环节。在这个环节,室内的格局、布置,乃至色调、风格,都能大概确定。画平面图时要注意家具的体量,家具体量虽然不要求完全与实际尺寸相一致,但是大概比例要准确。平面中的家具不管是线稿还是上色,都不宜太过复杂。

整体的线稿要清晰、明快,地面材质要适当交代。如果有室外部分的植物,用简单的形式表现即可。阴影的处理至关重要,由于光源比较分散,因此要有自己的主观判断。虽然室内光源比较混乱,但是在平面图上,可以按照窗的位置来定光源。背光的地方用黑色加一点阴影。比地面高的物体都需要处理阴影,注意阴影的笔触要快速、自然。

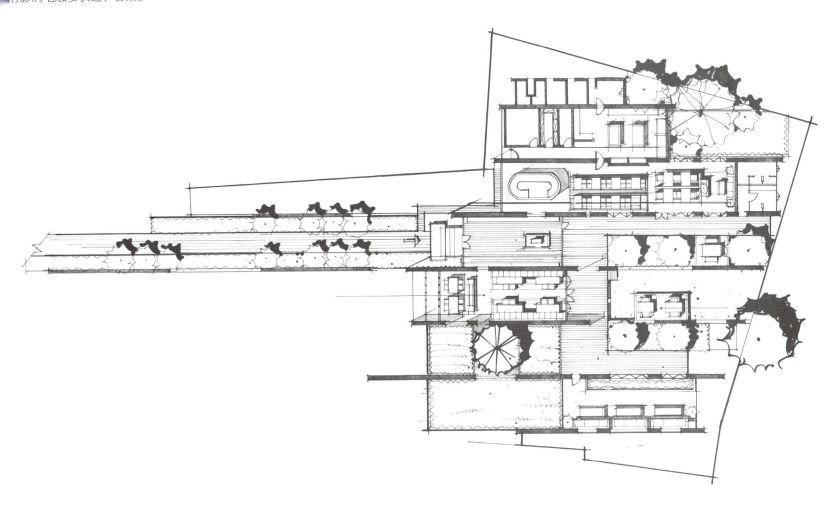

目前比较流行的上色画法是，家具留白不上色，只上地面材质的颜色。地面材质的上色笔法也以简单的扁平化处理为主。有时可以用彩色铅笔作为平面图的主要上色工具，比如地板、植物等部分，都可以用彩色铅笔来塑造。

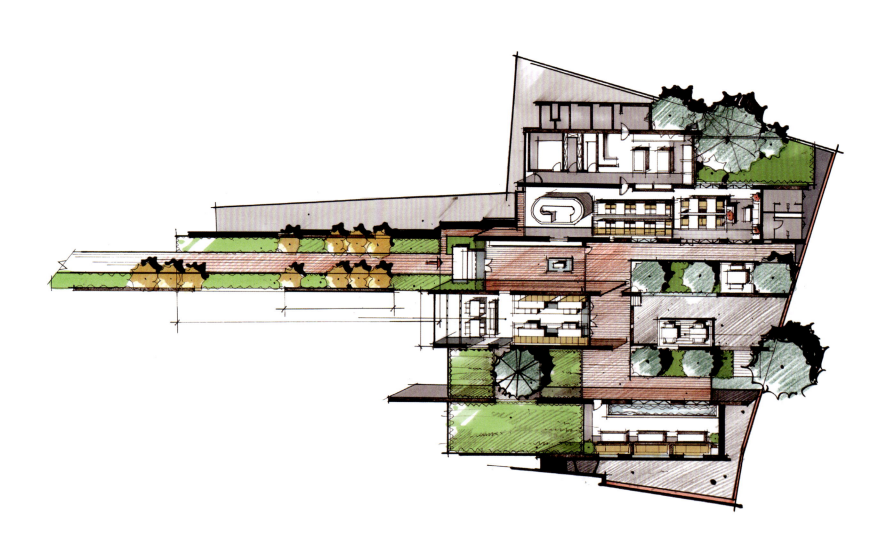

马克笔效果图上色详解 071

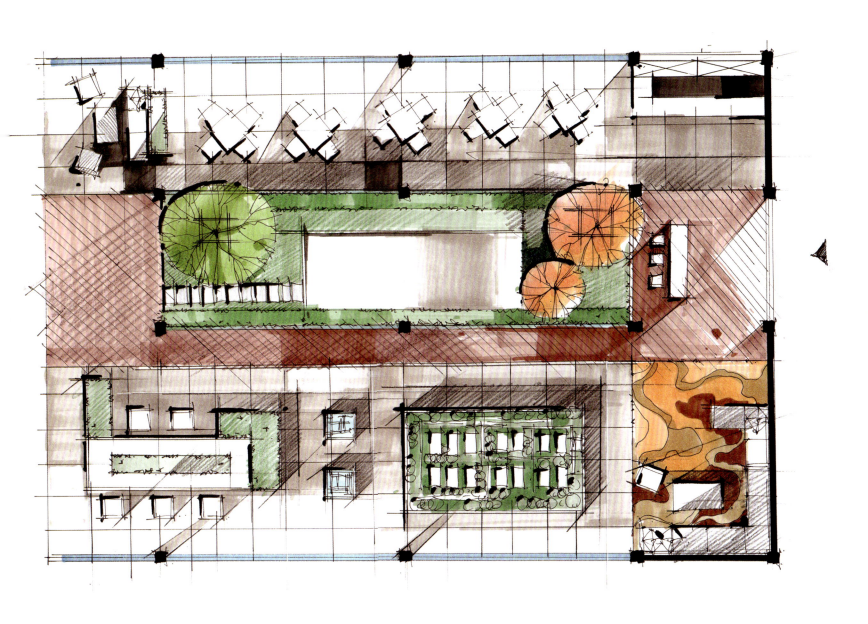

072

卓越手绘 | To 30天必会 室内手绘快速表现（第2版）
Master Interior Hand-Drawing Fast Performance in 30 Days

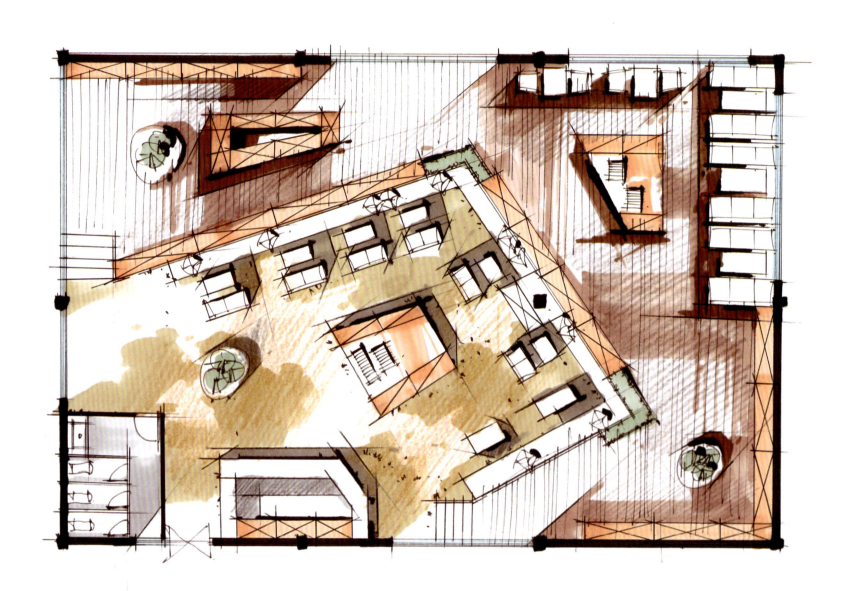

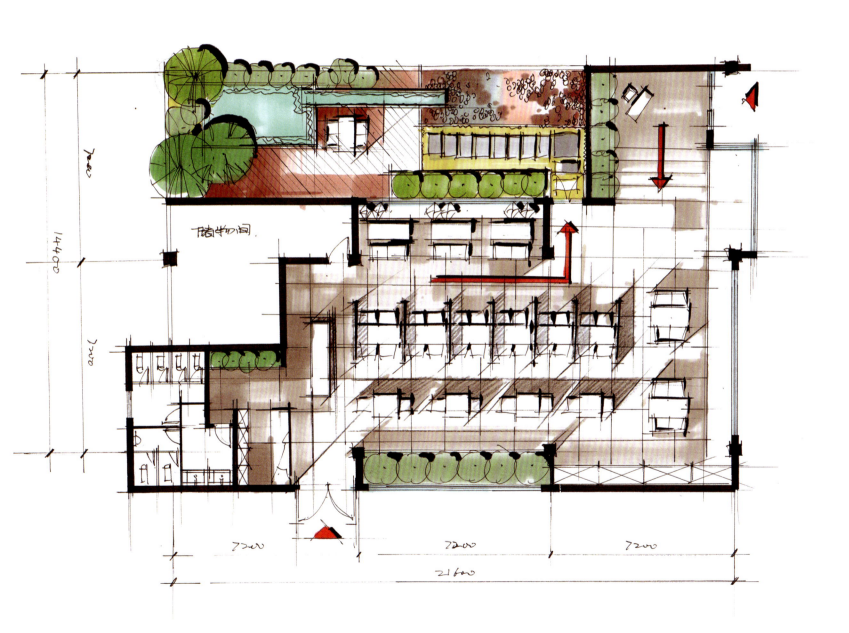

马克笔效果图上色详解 073

十一、室内立面图画法详解

立面图是室内方案的重要组成部分，也是设计师的设计重点，更是体现设计师实力的重要方面。在画立面图的时候，要画出阴影关系来突出造型的起伏。注意立面饰品及植物的表达，没有饰品的图纸会显得非常冰冷，没有生活气息。不同材质的表现方式以及比例尺度的控制也要勤加练习来掌握。

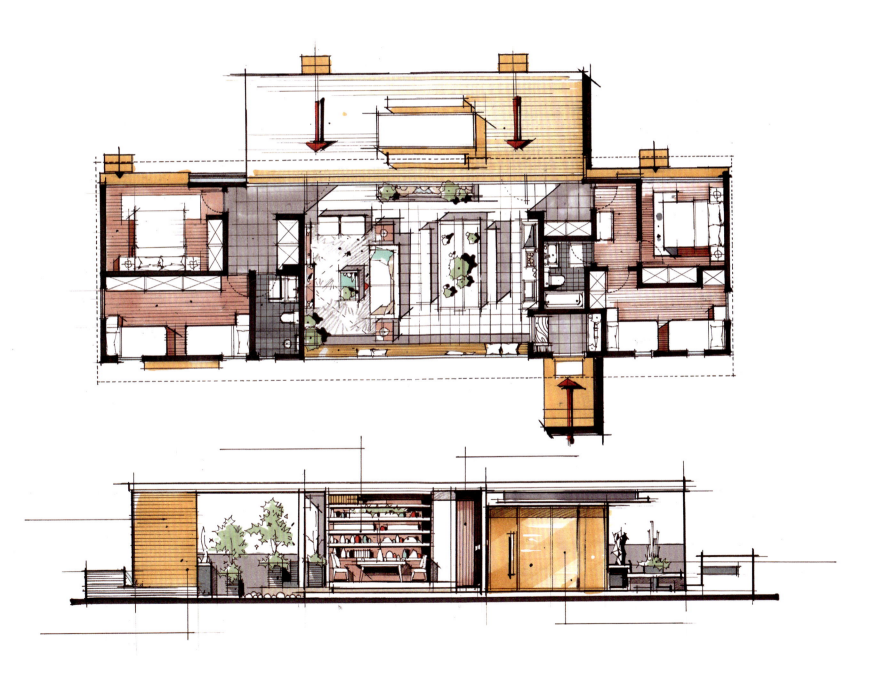

马克笔效果图上色详解 075

076 | 卓越手绘 | To 30天必会室内手绘快速表现（第2版）
Master Interior Hand-Drawing Fast Performance in 30 Days

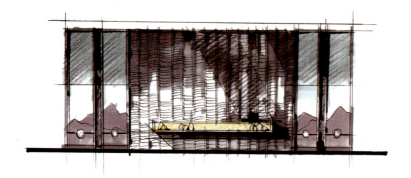
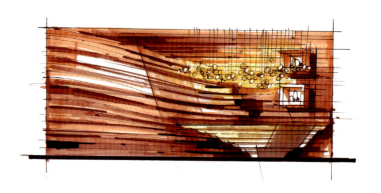

马克笔效果图上色详解 077

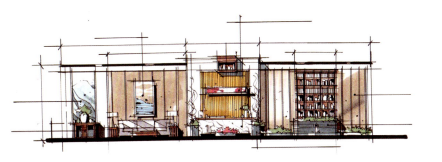

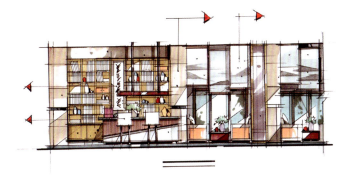
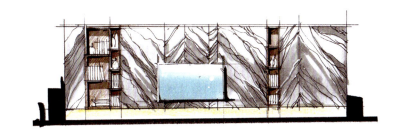
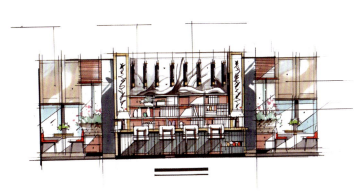

十二、室内轴测图画法详解

近几年，轴测图在室内手绘当中开始大量使用，相比平面图来说，它能更直观地看到设计的具体情况。相比效果图，轴测图更有全局观视角。轴测图的绘制难度较大，除了需要对应好平面图的位置以外，适当的取舍也很关键。比如，近处的墙壁、遮挡物等，有时候要根据设计表现需求删除掉。轴测图不同于鸟瞰图，它不需要有透视关系，所有同方向的线保持水平即可。

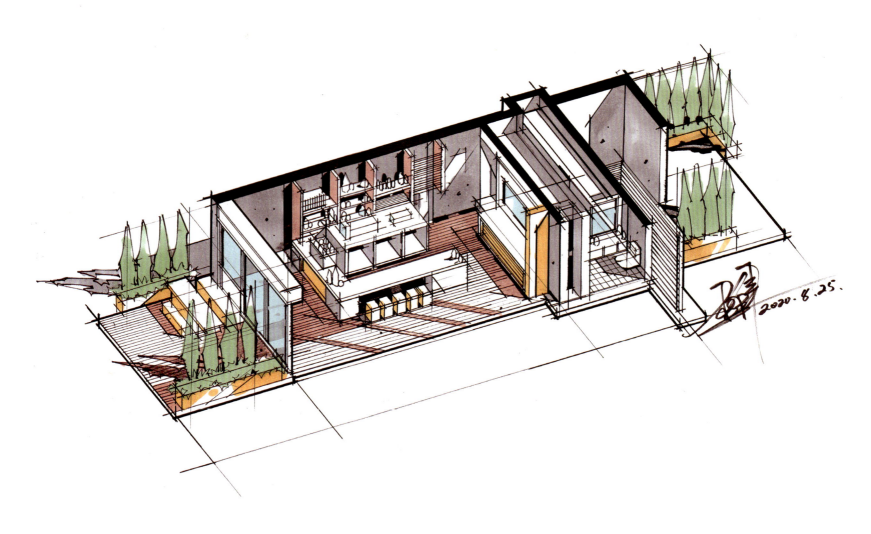

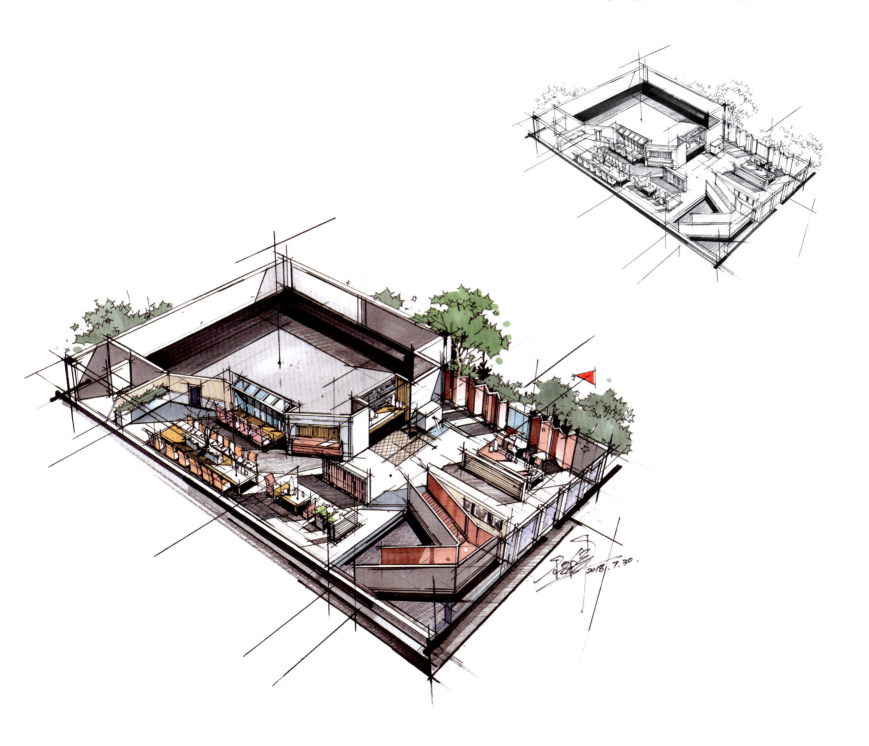

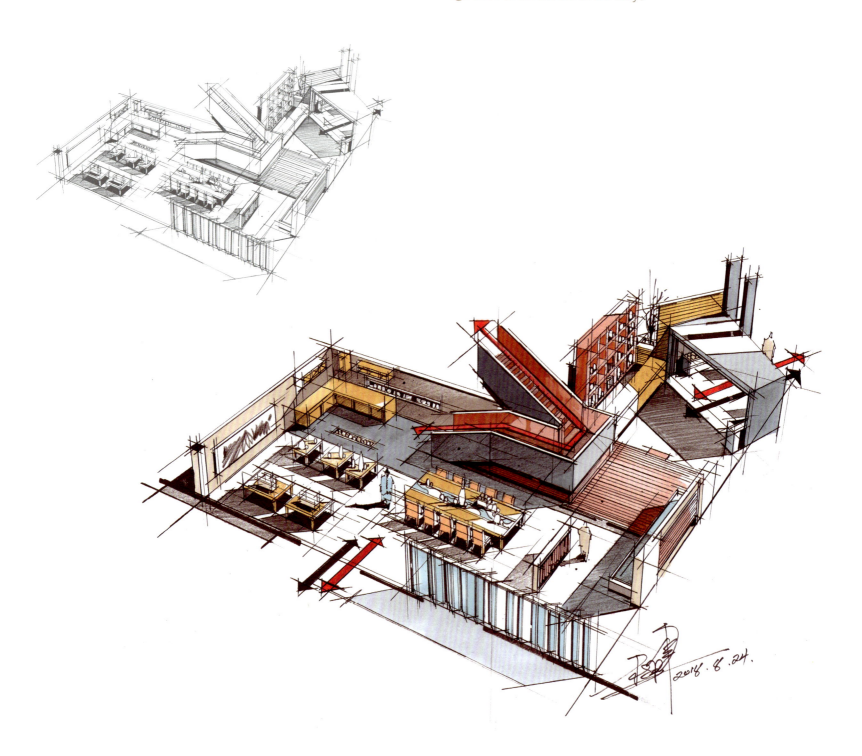

草图快速表现

画草图是培养设计师直观设计感觉的有效方法。草图是非常实用的表现形式。在画草图的时候，不需要太注意细节。首先要把握整体的透视关系和色彩搭配关系，以及初步的材质设定、造型设定，然后用轻松的线条来勾勒及上色。画草图的要点就是要快速地表现出设计感觉。

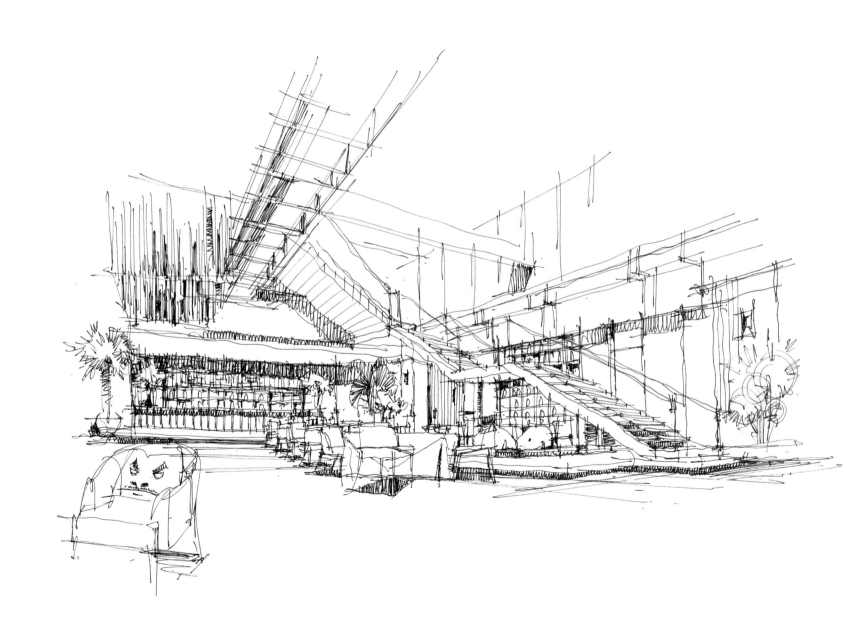

草图快速表现 083

084 | 卓越手绘 | To 30天必会室内手绘快速表现（第2版）
Master Interior Hand-Drawing Fast Performance in 30 Days

草图快速表现 085

086 | 卓越手绘 | To 30天必会 室内手绘快速表现（第2版）
Master Interior Hand-Drawing Fast Performance in 30 Days

作品欣赏

To 30天必会 室内手绘快速表现（第2版）
Master Interior Hand-Drawing Fast Performance in 30 Days

卓越手绘

作品欣赏 089

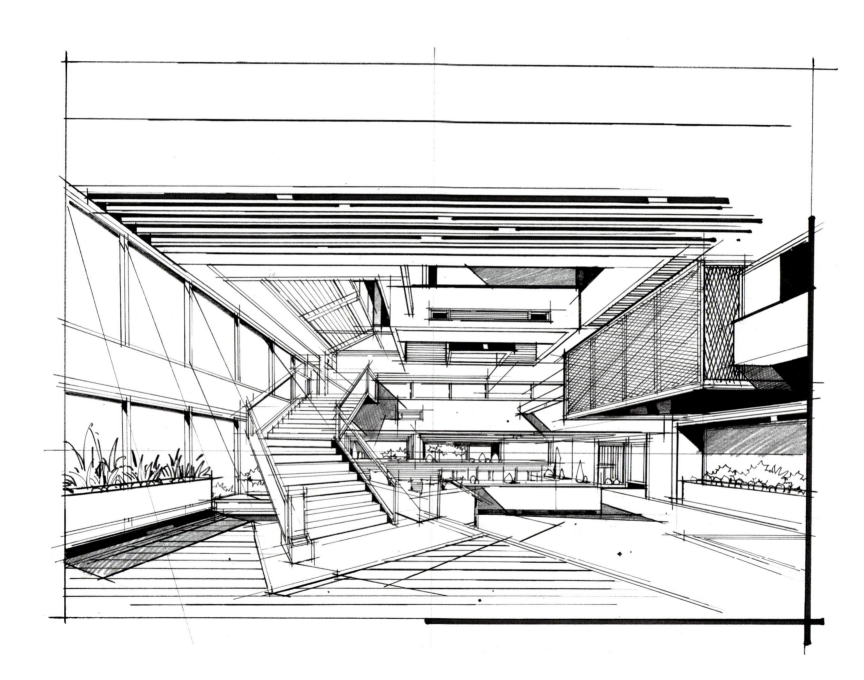

092 | 卓越手绘 | **To** 30天必会室内手绘快速表现（第2版）
Master Interior Hand-Drawing Fast Performance in 30 Days

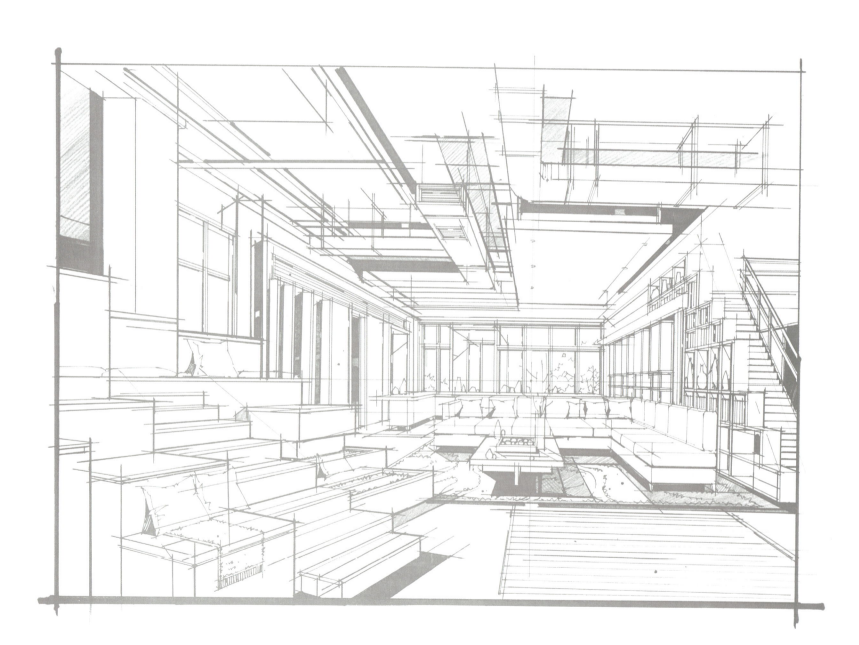

作品欣赏 093

094

卓越手绘 | **To** 30天必会 室内手绘快速表现（第2版）
Master Interior Hand-Drawing Fast Performance in 30 Days

作品
欣赏　095

096

卓越手绘 | **To** 30天必会室内手绘快速表现（第2版）
Master Interior Hand-Drawing Fast Performance in 30 Days

作品欣赏 097

098 卓越手绘 | To 30天必会室内手绘快速表现（第2版）
Master Interior Hand-Drawing Fast Performance in 30 Days

100 卓越手绘 | To 30天必会 室内手绘快速表现（第2版）
Master Interior Hand-Drawing Fast Performance in 30 Days

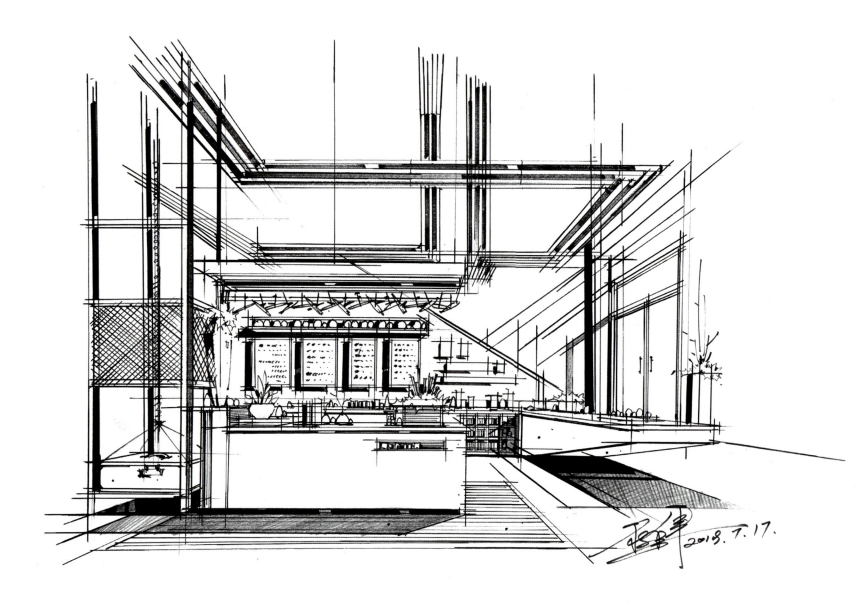

102

卓越手绘 | **To** 30天必会 室内手绘快速表现（第2版）
Master Interior Hand-Drawing Fast Performance in 30 Days

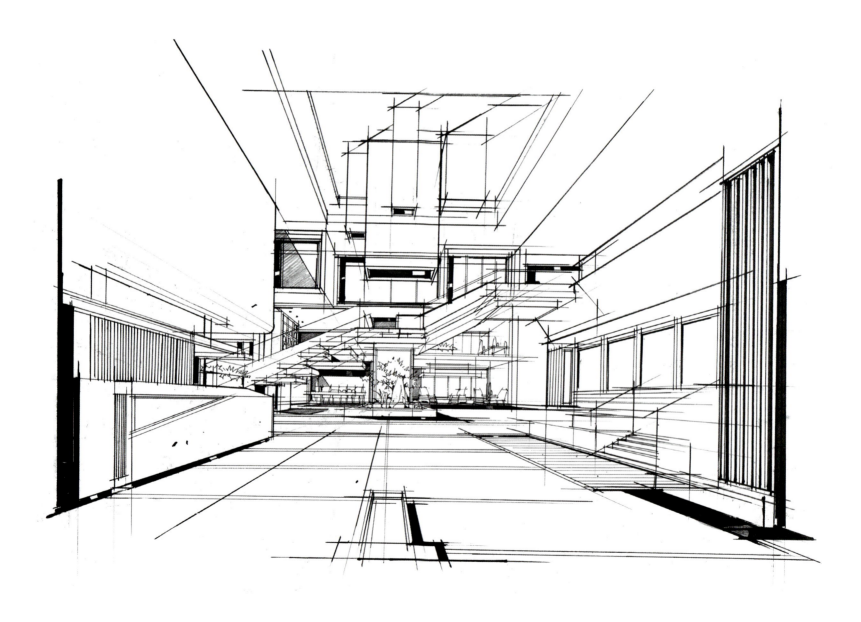

作品欣赏 103

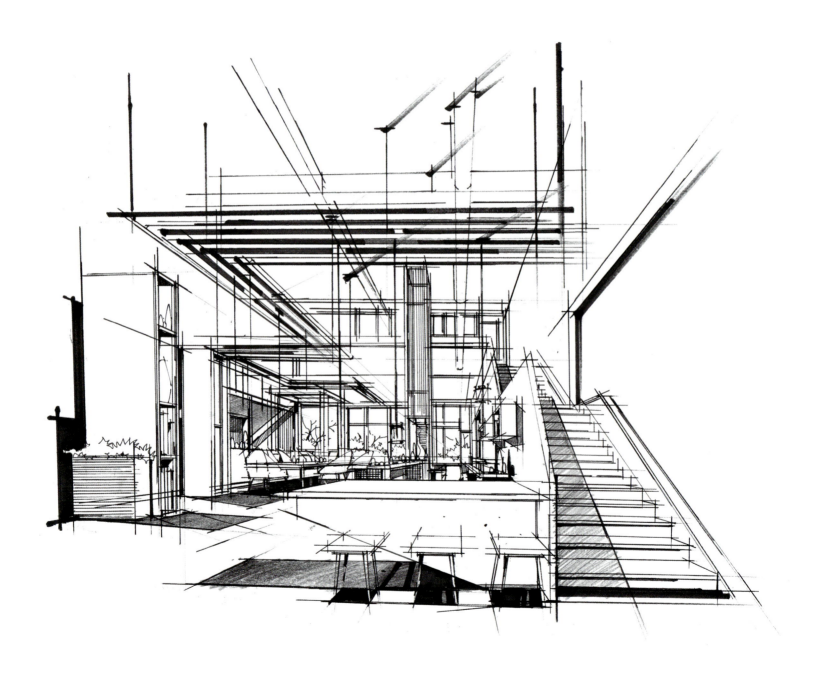

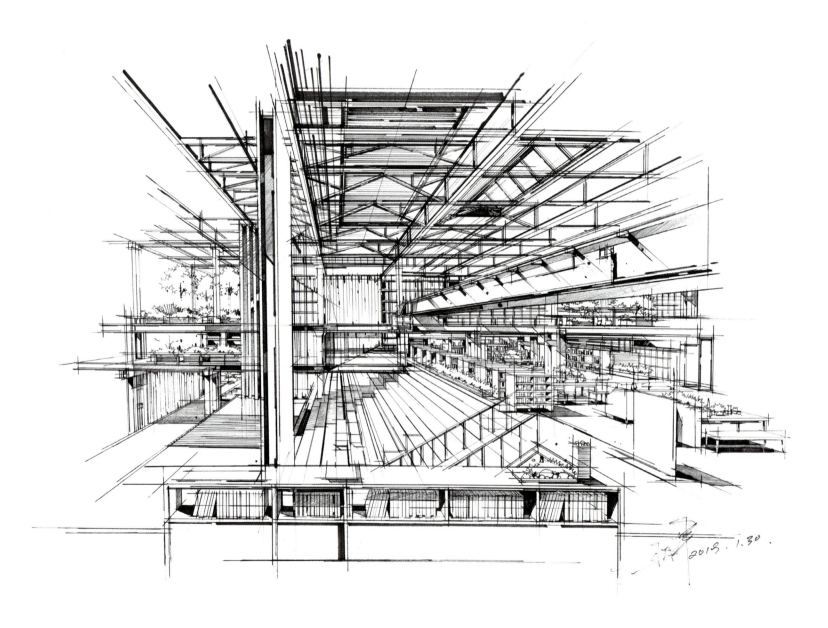

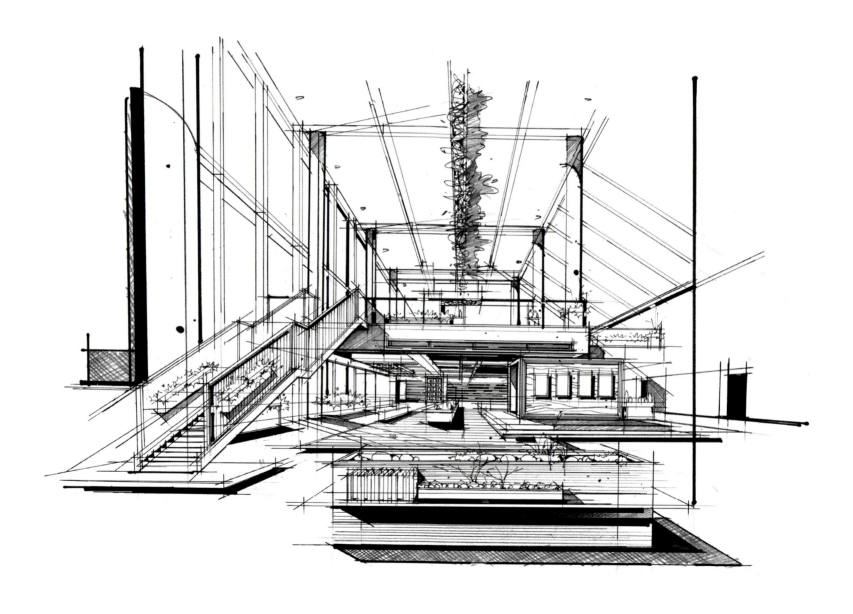

作品欣赏 111

作品欣赏 115

116 卓越手绘 | To 30天必会室内手绘快速表现（第2版）
Master Interior Hand-Drawing Fast Performance in 30 Days

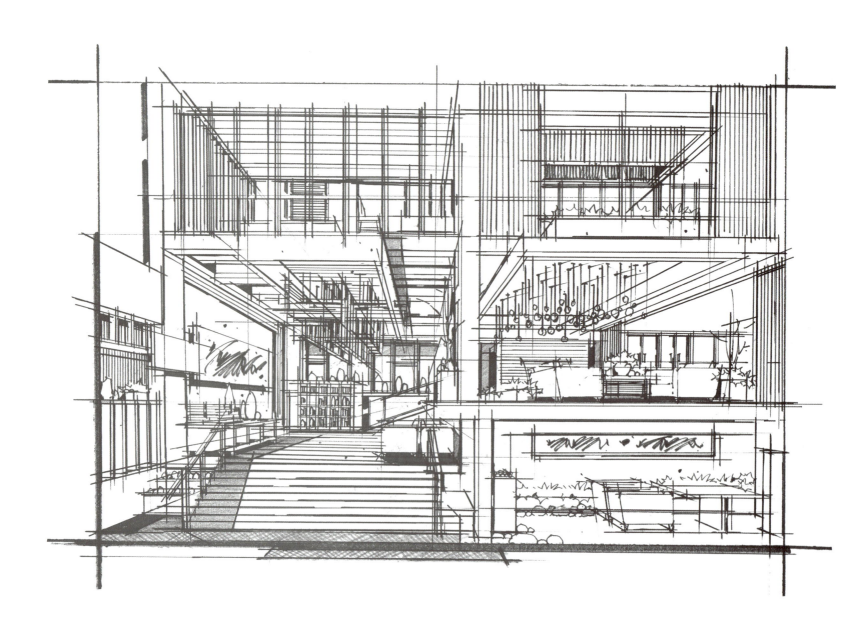

作品欣赏 117

作品欣赏 123

124 | 卓越手绘 | To 30天必会室内手绘快速表现（第2版）
Master Interior Hand-Drawing Fast Performance in 30 Days

126 卓越手绘 | **To** 30天必会 室内手绘快速表现（第2版）
Master Interior Hand-Drawing Fast Performance in 30 Days

130 卓越手绘 | To 30天必会室内手绘快速表现（第2版）
Master Interior Hand-Drawing Fast Performance in 30 Days

132 卓越手绘 | To 30天必会室内手绘快速表现（第2版）
Master Interior Hand-Drawing Fast Performance in 30 Days

作品欣赏 133

作品欣赏 139

142

卓越手绘 | To 30天必会室内手绘快速表现（第2版）
Master Interior Hand-Drawing Fast Performance in 30 Days

作品欣赏 145

146 卓越手绘 | To 30天必会 室内手绘快速表现（第2版）
Master Interior Hand-Drawing Fast Performance in 30 Days

▲ 周星辰 绘

▲ 周星辰 绘

150

卓越手绘 To 30天必会室内手绘快速表现（第2版）
Master Interior Hand-Drawing Fast Performance in 30 Days

▲ 周星辰　绘

▲ 周星辰 绘

卓越手绘 | **To** 30天必会 室内手绘快速表现（第2版）
Master Interior Hand-Drawing Fast Performance in 30 Days

▲ 周星辰 绘

▲ 周星辰 绘

▲ 周星辰 绘

▲ 周星辰 绘

▲ 周星辰 绘

作品欣赏 157

上色过程 扫码观看

▲ 周星辰 绘

▲ 周星辰 绘

▲ 周星辰 绘

卓越手绘 | To 30天必会室内手绘快速表现（第2版）
Master Interior Hand-Drawing Fast Performance in 30 Days

▲ 周星辰 绘

▲ 周星辰 绘

▲ 周星辰 绘

▲ 周星辰 绘

▲ 周星辰 绘

作品欣赏 165

▲ 何文涛 绘

▲ 向远 绘

作品欣赏 167

▲ 向远 绘

▲ 向远 绘

▲ 向远 绘

170

卓越手绘 | **To** 30天必会室内手绘快速表现（第2版）
Master Interior Hand-Drawing Fast Performance in 30 Days

上色过程 扫码观看

▲ 向远 绘

▲ 向远 绘

▲ 向远 绘

作品欣赏 173

▲ 向远 绘

▲ 向远 绘

作品欣赏 175

▲ 向远 绘

▲ 杨友 绘

▲ 宾珊 绘

▲ 杨安丽 绘

▲ 杨安丽 绘

▲ 杨安丽 绘

▲ 杨安丽 绘

 卓越手绘 | To 30天必会室内手绘快速表现（第2版）
Master Interior Hand-Drawing Fast Performance in 30 Days

▲ 龚美娟 绘

作品欣赏 | 183

▲ 龚美娟 绘

▲ 余祥晨 绘

▲ 余祥晨 绘

▲ 殷艳辉 绘

作品欣赏 187

▲ 殷艳辉 绘

188

卓越手绘 | To 30天必会室内手绘快速表现（第2版）
Master Interior Hand-Drawing Fast Performance in 30 Days

▲ 陈欢欢 绘

▲ 周旋 绘

▲ 周旋 绘

▲ 周旋 绘

▲ 周旋 绘

▲ 周旋 绘

▲ 周旋 绘

▲ 周旋 绘

方案、快题作品

一、方案作品
二、快题设计作品

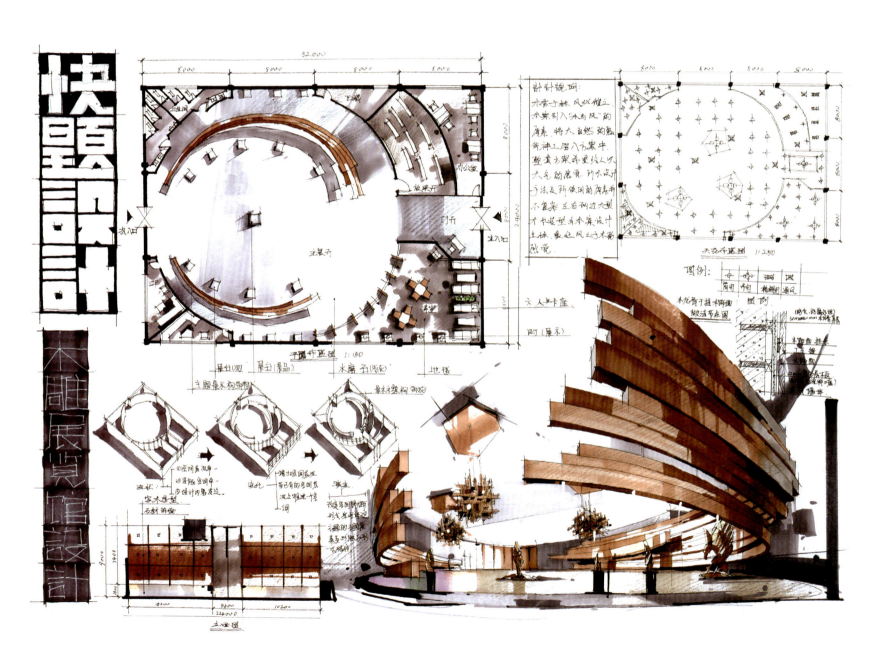

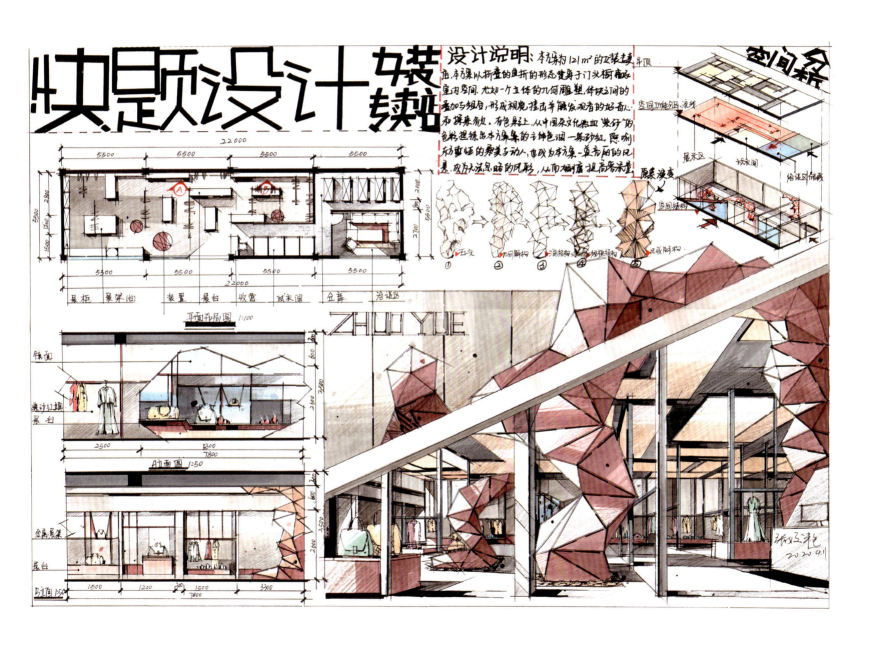

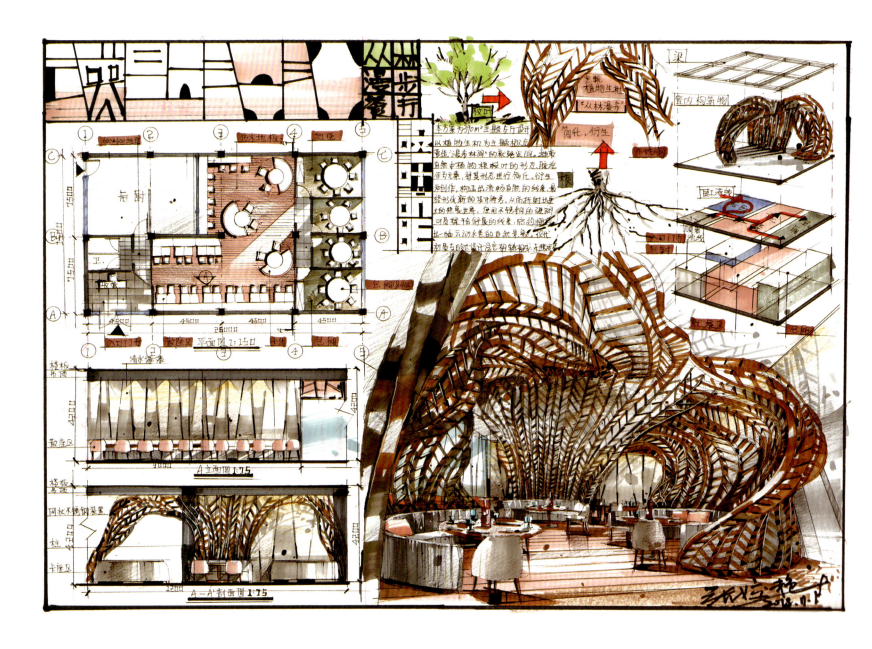

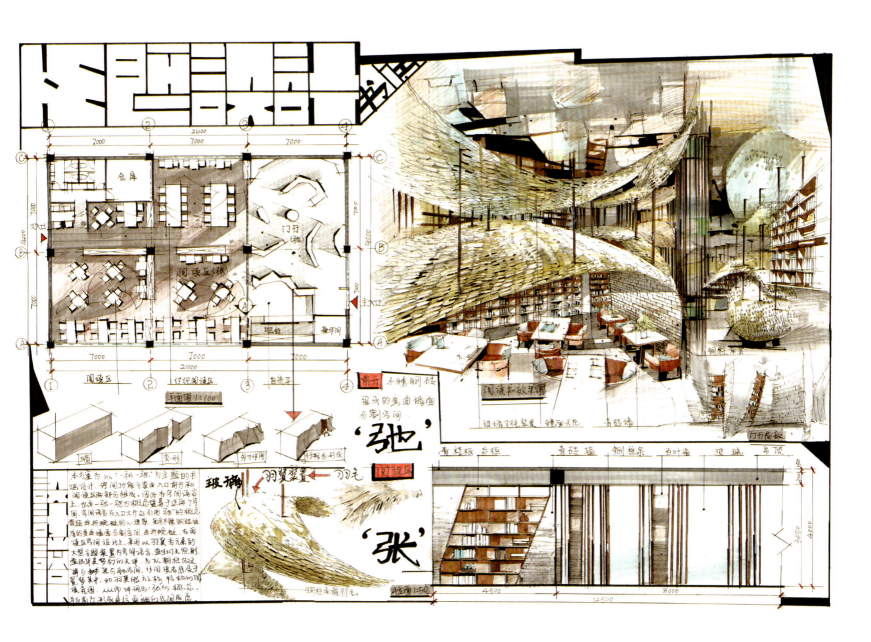

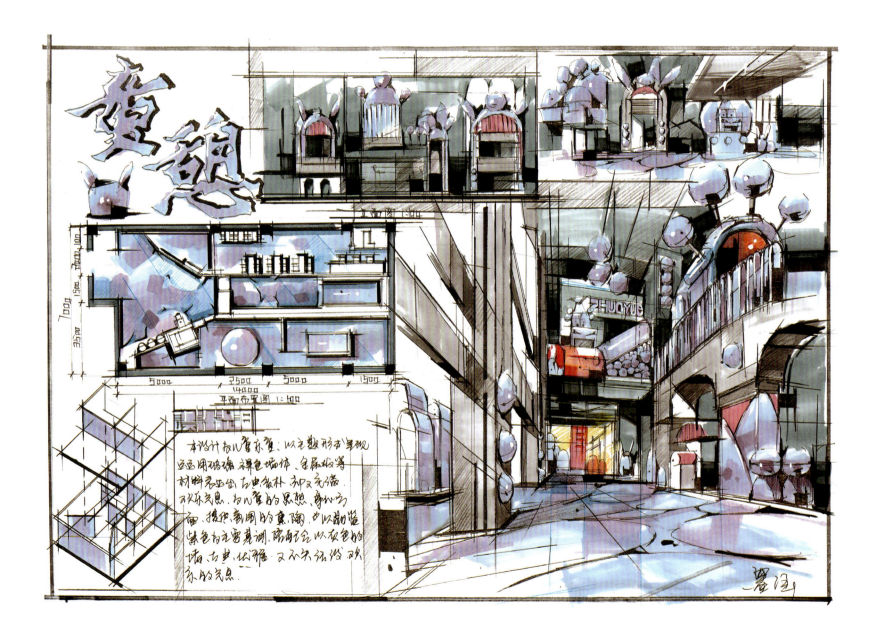

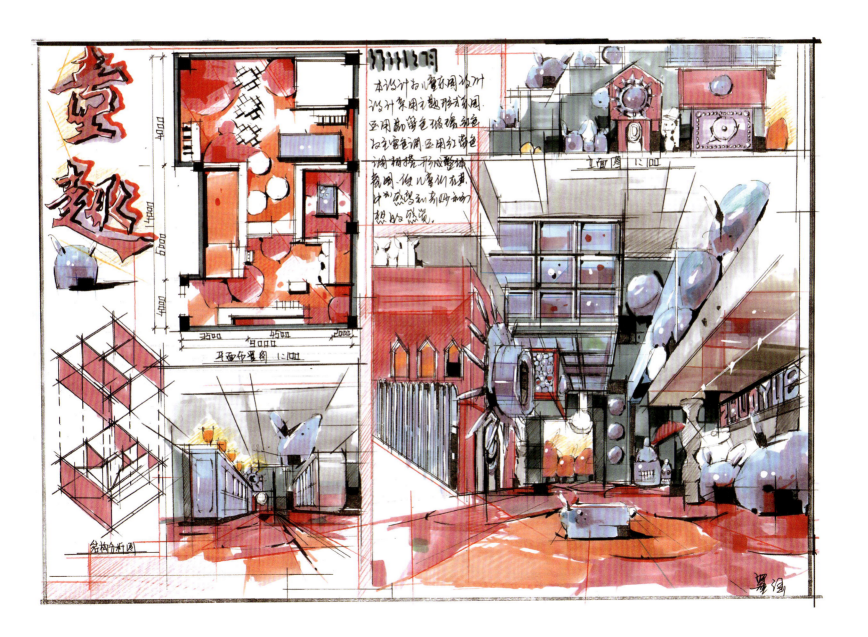

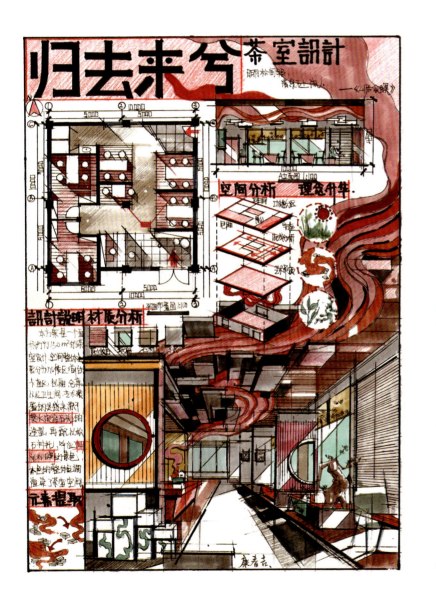
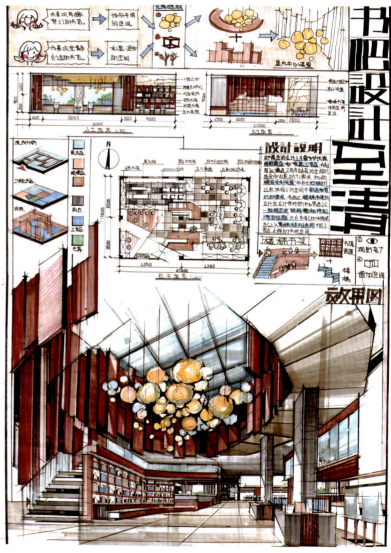

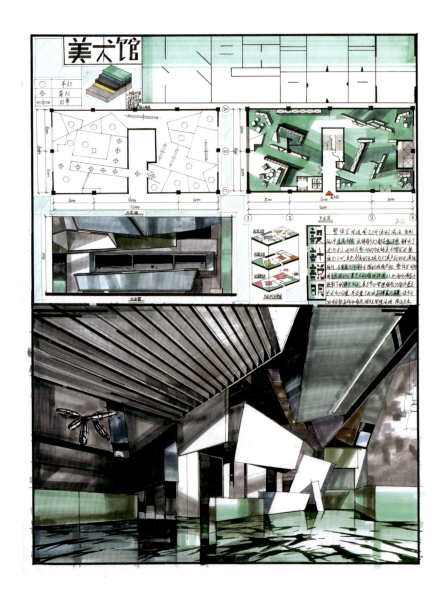
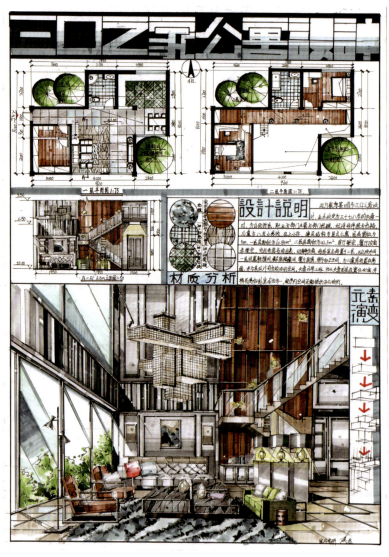

图书在版编目(CIP)数据

30天必会室内手绘快速表现 / 杜健,吕律谱编著. — 2版. — 武汉:华中科技大学出版社,2021.10
(2024.8重印)(卓越手绘)
ISBN 978-7-5680-6968-7

Ⅰ.①3… Ⅱ.①杜… ②吕… Ⅲ.①室内装饰设计-绘画技法 Ⅳ.①TU204.11

中国版本图书馆CIP数据核字(2021)第068245号

30天必会室内手绘快速表现(第2版)

杜健 吕律谱 编著

30 Tian Bihui Shinei Shouhui Kuaisu Biaoxian (Di-er ban)

出版发行:	华中科技大学出版社(中国·武汉)	电话:	(027)81321913
	武汉市东湖新技术开发区华工科技园	邮编:	430223

责任编辑:杨 靓　　　　　　　　　　　　　　　责任监印:朱 玢
责任校对:周怡露　　　　　　　　　　　　　　　美术编辑:张 靖

印　　刷:武汉精一佳印刷有限公司
开　　本:787 mm×1092 mm　1/12
印　　张:18
字　　数:130千字
版　　次:2024年8月第2版 第5次印刷
定　　价:79.80元

本书若有印装质量问题,请向出版社营销中心调换
全国免费服务热线:400-6679-118 竭诚为您服务
版权所有 侵权必究